土力学试验报告书

学校：_____

专业：_____

班组：_____

姓名：_____

学号：_____

试验目的、要求及注意事项

一、试验目的、要求

通过一系列的土工试验,熟悉土的工程特性,掌握土体的强度特性、变形特性和渗透特性的测定方法,以及各种因素对它们的影响规律,循序渐进地培养工程意识和综合素质。

1.试验前,认真预习,写好每项试验的"试验准备"。明确试验目的、方法和步骤,弄清与本试验相关的基本原理和知识点,初步了解试验所用仪器的性能及使用方法。

2.试验中,记录下各种试验数据,认真地分析思考,图文并茂地即刻写好每项试验的"试验过程中的现象描述与分析",培养发现问题和分析问题的能力。小组成员要团结合作,能吃苦耐劳,意志坚定完成所有的试验环节,积极展开与试验相关问题的讨论,培养良好的团队协作精神。

3.试验后,认真分析试验结果,学会整理试验资料和分析试验数据,完成工程试验模拟数据的处理与分析工作。并将试验结果与本地区主要土层物理力学性质指标(如试验指导书附录 1~5)进行对比分析,培养分析和解决工程实际问题的能力。

二、注意事项

1.按时上试验课,进入实验室保持安静。注意实验室用电和仪器设备安全,遵守实验室有关操作规程,不随意动用与本次试验无关的仪器设备,节约水、电、材料。

2.爱护实验室的所有仪器、工具,如发现仪器设备损坏,及时报告,查明原因。凡属违反操作规程导致设备损坏的,要照章赔偿。

3.试验完毕,应将设备和仪器擦拭干净。经指导教师检查仪器、工具、器皿及试验记录后,方可离开实验室。

4.学生要进入开放实验室做自行设计的试验时,应事先和有关实验室联系,报告自己的试验目的、内容和所需的试验仪器,经同意后,在实验室安排的时间内进行。

目　录

实验一　土的简易鉴别分类和描述

组别：

同组人员姓名：_____

一、试验目的：

二、土样的鉴别方法：

三、土试样开土记录

土试样开土记录表

工程名称_____　　工程地点_____

工程编号_____　　开土日期_____

土样编号	土样起讫深度（m）	土 试 样 的 描 述 颜色、湿度、稠度、密度、层理构造、包含物及扰动情况		备注

四、初步结论

试验二 密度试验

组别：

同组人员姓名：_____

一、试验准备

1. 试验目的：

2. 试验方法：

3. 仪器设备：

4. 操作步骤：

5. 试样湿密度、干密度计算公式：

6. 密度测定的允许平行差值：

二、试验过程中的现象描述与分析

三、试验记录与计算

密度试验记录表(环刀法)

工程名称＿＿＿＿＿＿＿＿＿＿　　　　　　　试验者＿＿＿＿＿＿＿＿＿＿

工程编号＿＿＿＿＿＿＿＿＿＿　　　　　　　计算者＿＿＿＿＿＿＿＿＿＿

钻孔编号＿＿＿＿＿＿＿＿＿＿　　　　　　　校核者＿＿＿＿＿＿＿＿＿＿

取土深度＿＿＿＿＿＿＿＿＿＿　　　　　　　试验日期＿＿＿＿＿＿＿＿＿＿

土样编号	环号	环刀加土质量 (g)	环刀质量 (g)	湿土质量 (g)	环刀体积 (cm³)	密度 (g/cm³)	平均密度 (g/cm³)
		(1)	(2)	(3)＝(1)−(2)	(4)	(5)＝(3)÷(4)	

四、回答问题

1. 土的密度有几种测试方法？

2. 环刀法适合测定哪些土的密度？

3. 进行室内密度试验时，一般选用环刀直径和高度各为多少？

试验三 土的含水率试验

组别：

同组人员姓名：_____

一、试验准备

1.试验目的：

2.试验方法：

3.仪器设备：

4.操作步骤：

5.含水率计算公式：

6.含水率测定的允许平行差值：

二、试验过程中的现象描述与分析

三、试验记录与计算

含水率试验记录与计算

工程名称＿＿＿＿＿＿＿＿＿＿＿＿＿   试验者＿＿＿＿＿＿＿＿＿＿＿＿＿

工程编号＿＿＿＿＿＿＿＿＿＿＿＿＿   计算者＿＿＿＿＿＿＿＿＿＿＿＿＿

钻孔编号＿＿＿＿＿＿＿＿＿＿＿＿＿   校核者＿＿＿＿＿＿＿＿＿＿＿＿＿

取土深度＿＿＿＿＿＿＿＿＿＿＿＿＿   试验日期＿＿＿＿＿＿＿＿＿＿＿＿＿

土样编号	盒号	盒质量 (g)	盒加湿土质量 (g)	盒加干土质量 (g)	土中水土质量 (g)	干土质量 (g)	含水率 (%)	平均含水率 (%)	备注

四、回答问题

1.烘干法测定土的含水率时,为什么烘箱内的温度要保持在 $100\sim105℃$? 土样在这种情况下,烘干所失去的是哪一类型的水? 高于或低于此温度,将对测定结果产生什么影响?

2.用烘干法测定土的含水率,如土中含有大量的有机质,将对测定结果产生什么影响?

3.对于不同的土,烘干的时间是否相同,为什么?

试验四　界限含水率试验

组别：

同组人员姓名：＿＿＿＿＿＿＿＿＿＿＿＿＿＿＿＿＿＿＿＿＿＿＿＿＿＿＿

一、试验准备

1.试验目的：

2.试验方法：

3.仪器设备：

4.操作步骤：

5.液、塑限含水率计算公式及其确定方法：

二、试验过程中的现象描述与分析

三、试验记录与计算

1. 液、塑限联合试验记录：

工程名称＿＿＿＿＿＿＿＿＿＿＿　　　　试验者＿＿＿＿＿＿＿＿＿＿＿

工程编号＿＿＿＿＿＿＿＿＿＿＿　　　　计算者＿＿＿＿＿＿＿＿＿＿＿

钻孔编号＿＿＿＿＿＿＿＿＿＿＿　　　　校核者＿＿＿＿＿＿＿＿＿＿＿

取土深度＿＿＿＿＿＿＿＿＿＿＿　　　　试验日期＿＿＿＿＿＿＿＿＿＿＿

土样说明					天然含水率				
圆锥下沉深度 $h(\text{mm})$	盒号	盒质量 $m_0(\text{g})$	盒加湿土质量 $m_1(\text{g})$	盒加干土质量 $m_2(\text{g})$	水质量 $m_\text{w}(\text{g})$	干土质量 $m_\text{s}(\text{g})$	含水率 $w(\%)$	液限 $w_\text{L}(\%)$	塑限 $w_\text{p}(\%)$
		(1)	(2)	(3)	(4)＝ (2)－(3)	(5)＝ (3)－(1)	(6)＝ $\dfrac{(4)}{(5)}\times100\%$	(7)	(8)
塑性指数 I_p					土的分类				
液性指数 I_L					土的状态				

2. 绘图（采用双对数坐标纸，含水率为横坐标，圆锥下沉深度为纵坐标）：

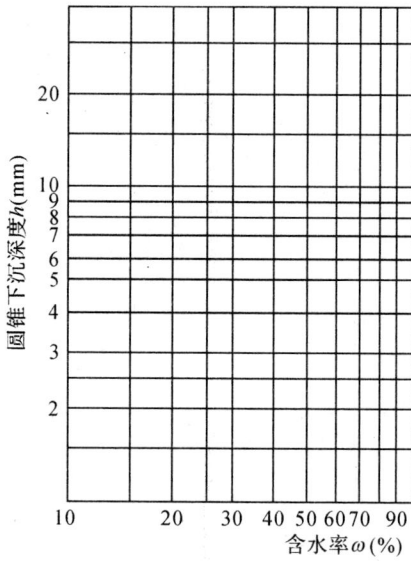

四、回答问题

1. 土的天然含水率与土的正常的稠度状态有什么关系？

2. 采用联合法测定土的界限含水率的适用范围及土样制作上的要求是什么？

3. 测定土的液限、塑限有什么实际用途？

试验五　颗粒分析试验

组别：

同组人员姓名：_____

一、试验准备

1.试验目的：

2.试验方法：

3.仪器设备：

4.操作步骤：

5.级配指标计算公式及其确定方法：

二、试验过程中的现象描述与分析

三、试验记录与计算

1. 试验记录：

筛析法试验记录

工程名称＿＿＿＿＿＿＿＿＿＿　　　　　试验者＿＿＿＿＿＿＿＿＿＿

工程编号＿＿＿＿＿＿＿＿＿＿　　　　　计算者＿＿＿＿＿＿＿＿＿＿

土样说明＿＿＿＿＿＿＿＿＿＿

试验日期＿＿＿＿＿＿＿＿＿＿　　　　　校核者＿＿＿＿＿＿＿＿＿＿

风干土质量＝＿＿＿＿＿＿ g　　　　小于 0.075mm 的土占总土质量百分数＝＿＿＿＿＿＿ ％

2mm 筛上土质量＝＿＿＿＿＿＿ g　　小于 2mm 的土占总土质量百分数 d_x＝＿＿＿＿＿＿ ％

2mm 筛下土质量＝＿＿＿＿＿＿ g　　细筛分析时所取试样质量＝＿＿＿＿＿＿ g

筛号	孔径(mm)	累计留筛土质量(g)	小于该孔径的土质量(g)	小于该孔径的土质量百分数(％)	小于该孔径的总土质量百分数(％)

底盘总计					

<h2 style="text-align:center">密度计法试验记录</h2>

工程名称_____　　　　试验者_____

工程编号_____　　　　计算者_____

土样编号_____　　　　校核者_____

土样说明_____　　　　试验日期_____

湿土质量_____ g　　　　密度计号_____

含水率_____　　　　量筒号_____

干土质量_____　　　　烧瓶号_____

土粒比重_____　　　　比重校正系数 C_G _____

弯液面校正值 n _____　　　　试验处理说明_____

小于0.075mm颗粒质量_____克,占总土质量的百分数_____%

试验时间	下沉时间 t (min)	悬液温度 T (℃)	密度计读数						土粒落距 L (cm)	粒径 d (mm)	小于某孔径的土质量百分数(%)	小于某孔径的总土质量百分数(%)
			密度计读数 R	温度校正值 m_T	刻度弯液面校正值 n	分散剂校正 C_D	$R_m=R+n+m_T-C_D$	$R_H=R_m \cdot C_G$				
	1											
	2											
	5											
	30											
	60											
	120											
	1440											

2.绘图

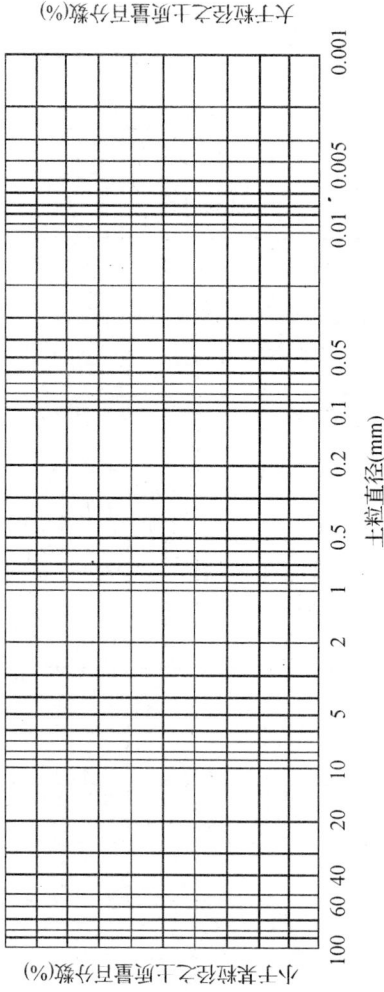

颗粒大小分布曲线

土粒直径(mm)

小于某粒径之土所占百分数(%)

粗	中	细	粗	中	细	粗	细		
砾			砂					粉粒	黏粒

试样编号	粗粒土（>0.075mm）				细粒土（<0.075mm）			土的分类
	砾(%) >50(%)	砂(%)	$C_u=d_{60}/d_{10}$	$C_c=d_{30}^2/d_{60}\cdot d_{10}$	0.075~0.05	0.05~0.005	<0.005	

四、回答问题

1.筛析法适用于什么土？

2.筛析法中振筛时间为几分钟？

3.密度计法是依据什么定律进行测定的？

4.为什么读数后要取出密度计放入盛有纯水的量筒中？

试验六　击实试验

组别：

同组人员姓名：_____

一、试验准备

1. 试验目的：

2. 试验方法：

3. 仪器设备：

4. 操作步骤：

5. 计算公式：

二、试验过程中的现象描述与分析

三、试验记录与计算

1. 击实试验记录

工程名称＿＿＿＿＿＿＿＿＿＿ 试验者＿＿＿＿＿＿＿＿＿＿＿

土样编号＿＿＿＿＿＿＿＿＿＿ 计算者＿＿＿＿＿＿＿＿＿＿＿

试验日期＿＿＿＿＿＿＿＿＿＿ 校核者＿＿＿＿＿＿＿＿＿＿＿

土粒比重＿＿＿＿＿＿ 土样说明＿＿＿＿＿＿ 试验仪器＿＿＿＿＿＿

土样类别＿＿＿＿＿＿ 每层击数＿＿＿＿＿＿

风干含水率＿＿＿＿＿＿% 估计最优含水率＿＿＿＿＿＿%

试验点号		1	2	3	4	5	6	7
干密度	筒湿土质量(g)							
	筒质量(g)							
	湿土质量(g)							
	筒体积(cm³)							
	湿密度(g/cm³)							
	干密度(g/cm³)							
含水率	盒 号							
	盒加湿土质量(g)							
	盒加干土质量(g)							
	盒质量(g)							
	水质量(g)							
	干土质量(g)							
	含水率(%)							
	平均含水率(%)							

2.计算及绘图

$$\text{干密度 } \rho_d \text{ (g/cm}^3\text{)}$$

含水率ω (%)

最大干密度_____ g/cm³　　　最优含水率_____%

四、回答问题

1.求最优含水率和最大干密度的目的是什么？有何实际意义？

2.击实试验过程中要注意哪些方面？

3.重型击实仪和轻型击实仪的区别是什么？

试验七　渗透试验

组别：

同组人员姓名：_____

一、试验准备

1.试验目的：

2.试验方法：

3.仪器设备：

4.操作步骤：

5.计算公式：

二、试验过程中的现象描述与分析

三、试验记录与计算

常水头渗透试验

工程名称_____　　试验高度 L _____　　干土重_____　　试验者_____

土样编号_____　　试样面积 A _____　　土粒比重_____　　计算者_____

仪器编号_____　　试样说明 _____　　孔 隙 比_____　　校核者_____

　　　　　　　　　　　　　　　　　　　　　　　　测压孔间距_____　　试验日期_____

试验次数	经过时间(s)	测压管水位(cm)			水位差(cm)			水力坡降	渗出水量 Q (cm^3)	渗透系数 k_T (cm/s)	平均水温(℃)	校正系数 $\frac{\eta_T}{\eta_{20}}$	渗透系数 k_{20} (cm/s)	平均渗透系数 k_{20} (cm/s)	备注
		I管	II管	III管	H_1	H_2	平均 H								
(1)	(2)	(3)	(4)	(5)	(6)	(7)	(8)	(9)	(10)	(11)	(12)	(13)	(14)		
					(2)−(3)	(3)−(4)	$\frac{(5)+(6)}{2}$	$\frac{(7)}{L}$		$\frac{(9)}{A(1)(8)}$			(10)×(12)		

变水头渗透试验记录与计算

工程名称_____　　试验高度 L _____　　测压管断面积 a _____　　试验者_____

土样编号_____　　试样面积 A _____　　孔隙比_____　　计算者_____

仪器编号_____　　试样说明 _____　　试验日期_____　　校核者_____

开始时间 t_1	终了时间 t_2	经过时间 t	开始水头 h_1	终了水头 h_2	$2.3\times\frac{aL}{At}$	$\lg\frac{h_1}{h_2}$	水温 T℃时的渗透系数 k_T	水温 T	校正系数 η_T/η_{20}	渗透系数 k_{20}	平均渗透系数 k_{20}
日时分	日时分	s	cm	cm	10^{-4}	10^{-2}	(cm/s)	℃		(cm/s)	(cm/s)
(1)	(2)	(3)	(4)	(5)	(6)	(7)	(8)	(9)	(10)	(11)	(12)
		(2)−(1)				$\lg\frac{(4)}{(5)}$	(6)×(7)			(8)×(10)	

四、回答问题

1.影响土的渗透性的因素主要有几种？

2.为什么进行常水头渗透试验前,要先检查测压管水位是否齐平？

3.变水头渗透试验适用于哪种土类？

4.变水头渗透试验使用什么仪器？

5.为什么安装仪器时环刀与渗透容器之间必须密封？

试验八　固结试验(快速法)

組別：

同组人员姓名：_____

一、试验准备

1.试验目的：

2.试验方法：

3.仪器设备：

4.操作步骤：

5.计算公式：

(1)试样的初始孔隙比

(2)土骨架净高

(3)各级压力下压缩稳定后的孔隙比

（4）某一压力范围的压缩系数

（5）某一压力范围内的压缩模量

二、试验过程中的现象描述与分析

三、试验记录及计算

1. 固结试验记录表(一)：

工程名称_____　　　试样面积_____　　　试验者_____

试样编号_____　　　土粒比重 G_s _____　　　计算者_____

取土深度_____　　　试验前试样高度 h_0 _____ mm　　　校核者_____

仪器编号_____　　　试验前孔隙比 e_0 _____　　　试验日期_____

		含水率试验						密度试验		
	盒号	湿土质量 (g)	干土质量 (g)	含水率 (%)	平均含水率(%)		环刀号	湿土质量 (g)	环刀容积 (cm³)	湿密度 (g/cm³)
试验前										
试验后										

土骨架净高 $h_s = \dfrac{h_0}{1+e_0} =$ _____ mm　　　　校正系数 $K = \dfrac{(h_n)_T}{(h_n)_t} = \dfrac{(3)-(1)}{(2)-(1)}$

固结试验记录表(二)：

压力 kPa	读数时间 t	仪器变形量 (mm) (1)	土样1小时总变形量 (mm) (2)	土样24小时总变形量 (mm) (3)	校正前试样总变形量 $\sum \Delta h_i$ (mm) (4)=(2)-(1)	校正后试样总变形量 (mm) $K\sum \Delta h_i = K(4)$	孔隙比减缩量 $\Delta e_i = \dfrac{K\sum \Delta h_i}{h_s}$	孔隙比 $e_i = e_0 - \Delta e_i$
0								
50								
100								
200								
400								

2.计算及绘图

*e-p*关系曲线

四、回答问题

1.测定土的压缩系数有什么实际用途？

2.量表读数是土的沉降量吗？

3.压缩系数的物理意义和几何意义是什么？

4.工程上如何根据压缩系数的大小来判别土的压缩性？

试验九　直接剪切试验

组别：

同组人员姓名：＿＿＿＿＿＿＿＿＿＿＿＿＿＿＿＿＿＿＿＿＿＿＿＿＿

一、试验准备

1.试验目的：

2.试验方法：

3.仪器设备：

4.操作步骤：

5.计算公式：

二、试验过程中的现象描述与分析

三、试验记录与计算

直接剪切试验记录（一）

工程名称＿＿＿＿＿＿＿＿＿＿＿＿ 试验者＿＿＿＿＿＿＿＿＿＿＿＿

工程编号＿＿＿＿＿＿＿＿＿＿＿＿ 计算者＿＿＿＿＿＿＿＿＿＿＿＿

土样编号＿＿＿＿＿＿＿＿＿＿＿＿ 校核者＿＿＿＿＿＿＿＿＿＿＿＿

试验方法＿＿＿＿＿＿＿＿＿＿＿＿ 试验日期＿＿＿＿＿＿＿＿＿＿＿＿

试样面积 $A_0 =$ ＿＿＿＿＿＿ 量力环系数＿＿＿＿＿ kPa/0.01mm

仪器编号＿＿＿＿＿＿＿＿ 手轮转速＿＿＿＿＿＿

垂直压力＿＿＿＿ kPa 抗剪强度＿＿＿＿ kPa ‖ 垂直压力＿＿＿＿ kPa 抗剪强度＿＿＿＿ kPa

手轮转数	测力计读数	剪切位移	剪应力	手轮转数	测力计读数	剪切变形	剪应力
转	0.01mm	0.01mm	kPa	转	0.01mm	0.01mm	kPa
(1)	(2)	(3)=(1)×20－(2)	(4)=(2)×C	(1)	(2)	(3)=(1)×20－(2)	(4)=(2)×C
1				1			
2				2			
3				3			
4				4			
5				5			
6				6			
7				7			
8				8			
9				9			
10				10			
11				11			
12				12			
13				13			
14				14			
15				15			
16				16			
17				17			
18				18			
19				19			
20				20			
21				21			
22				22			
23				23			
24				24			
25				25			

直接剪切试验记录(二)

试样面积 $A_0 =$ ＿＿＿＿＿＿　　　　　　　　量力环系数＿＿＿＿＿＿ kPa/0.01mm
仪器编号＿＿＿＿＿＿　　　　　　　　　　　　手轮转速＿＿＿＿＿＿

垂直压力＿＿＿＿ kPa　抗剪强度＿＿＿＿ kPa　　垂直压力＿＿＿＿ kPa　抗剪强度＿＿＿＿ kPa

手轮转数	测力计读数	剪切变形	剪应力	手轮转数	测力计读数	剪切变形	剪应力
转	0.01mm	0.01mm	kPa	转	0.01mm	0.01mm	kPa
(1)	(2)	(3)=(1)×20−(2)	(4)=(2)×C	(1)	(2)	(3)=(1)×20−(2)	(4)=(2)×C
1				1			
2				2			
3				3			
4				4			
5				5			
6				6			
7				7			
8				8			
9				9			
10				10			
11				11			
12				12			
13				13			
14				14			
15				15			
16				16			
17				17			
18				18			
19				19			
20				20			
21				21			
22				22			
23				23			
24				24			
25				25			
26				26			
27				27			
28				28			
29				29			
30				30			
31				31			
32				32			

直接剪切试验(三)

工程名称＿＿＿＿＿＿＿＿＿　　　　　试验者＿＿＿＿＿＿＿＿＿＿

工程编号＿＿＿＿＿＿＿＿＿　　　　　计算者＿＿＿＿＿＿＿＿＿＿

土样编号＿＿＿＿＿＿＿＿＿　　　　　校核者＿＿＿＿＿＿＿＿＿＿

试验方法＿＿＿＿＿＿＿＿＿　　　　　试验日期＿＿＿＿＿＿＿＿＿

垂直压力 (kPa)	手轮转数 (n)	测力计读数 (0.01mm)	剪切位移 (mm)	剪切历时 (t)	抗剪强度 (kPa)
内摩擦角 $\varphi=$			黏聚力 $c=$		kPa

2. 绘图

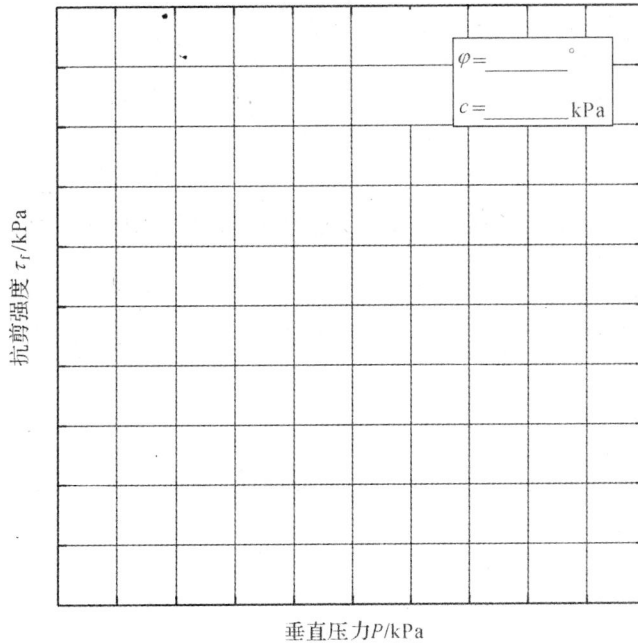

$\varphi=\underline{\hspace{2cm}}°$

$c=\underline{\hspace{2cm}}kPa$

抗剪强度 τ_f/kPa

垂直压力P/kPa

抗剪强度与垂直压力关系曲线

四、回答问题

1.快剪试验一般在几分钟内完成?

2.直接剪切试验中试样破坏面限定在上下盒之间的平面,这会使测试结果偏大还是偏小?

3.直接剪切试验中,在计算抗剪强度时是按土样的原截面积计算的,这会使测试结果偏大还是偏小?

试验十　无侧限抗压强度试验

组别：

同组人员姓名：_____

一、试验准备

1.试验目的：

2.试验方法：

3.仪器设备：

4.操作步骤：

5.计算公式：

二、试验过程中的现象描述与分析

三、试验记录与计算

1. 无侧限抗压强度试验记录

工程名称＿＿＿＿＿＿＿＿＿＿＿＿　　　试验者＿＿＿＿＿＿＿＿＿＿＿＿

工程编号＿＿＿＿＿＿＿＿＿＿＿＿　　　计算者＿＿＿＿＿＿＿＿＿＿＿＿

土样编号＿＿＿＿＿＿＿＿＿＿＿＿　　　校核者＿＿＿＿＿＿＿＿＿＿＿＿

土样名称＿＿＿＿＿＿＿＿＿＿＿＿　　　试验日期＿＿＿＿＿＿＿＿＿＿＿

试验前试样高度 $h_0=$＿＿＿＿＿ mm 试验前试样直径 $D_{上}=$＿＿＿＿＿ mm $D_{中}=$＿＿＿＿＿ mm $D_{下}=$＿＿＿＿＿ mm 试验前试样平均直径 $\overline{D}=$＿＿＿＿＿ mm 试验前试样面积 $A_0=$＿＿＿＿＿ cm² 试样质量 $m=$＿＿＿＿＿ g 试样密度 $\rho=$＿＿＿＿＿	手轮旋转螺杆上升高度 $\Delta L=$＿＿＿＿ 0.01mm 量力环率定系数 $C_K=$＿＿＿＿ N/0.01mm 原状土抗压强度 $q_u=$＿＿＿＿ kPa 重塑土抗压强度 $q_u{}'=$＿＿＿＿ kPa 灵敏度 $S_t=$＿＿＿＿	试样破坏情况

手轮转数 n	量力环量表 读数 R 0.01mm	轴向变形 Δh(mm)	轴向应变 ε_1 %	校正后面积 A_a(cm²)	轴向荷重 P(N)	轴向应力 (kPa)
(1)	(2)	$(3)=(1)\times\Delta L-(2)$	$(4)=\dfrac{(3)}{h_0}$	$(5)=\dfrac{A_0}{(1-(4))}$	$(6)=C\times(2)$	$(7)=\dfrac{(6)}{(5)}\times10$

2.绘图

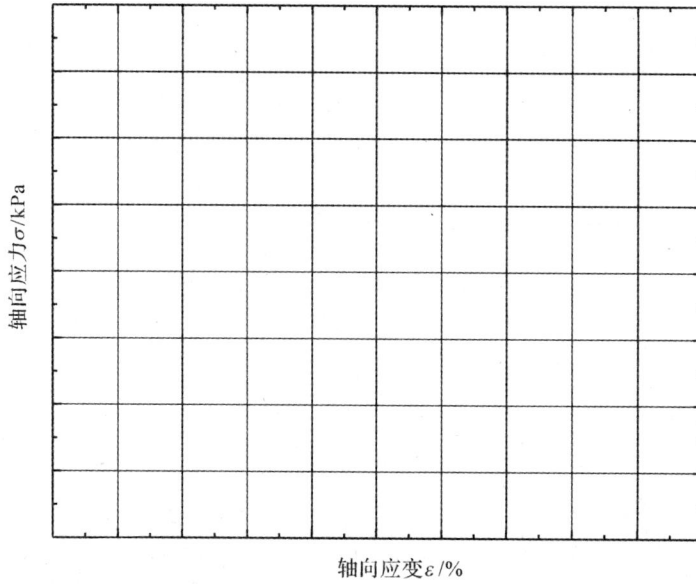

无侧限抗压强度试验应力应变关系曲线

四、回答问题

1.在试验中为什么要控制剪切时间和应变速率?

2.为什么重塑土样应立即进行试验?

3.试验前试样两端要涂一层凡士林,为什么?

试验十一　三轴压缩试验(不固结不排水)

组别：

同组人员姓名：_____

一、试验准备

1.试验目的：

2.试验方法：

3.仪器设备：

4.操作步骤：

5.计算公式：

二、试验过程中的现象描述与分析

三、试验记录与计算

1. 三轴压缩试验(不固结不排水)记录

工程名称＿＿＿＿＿＿＿＿＿＿＿＿＿　　　试验者＿＿＿＿＿＿＿＿＿＿＿＿

工程编号＿＿＿＿＿＿＿＿＿＿＿＿＿　　　计算者＿＿＿＿＿＿＿＿＿＿＿＿

土样编号＿＿＿＿＿＿＿＿＿＿＿＿＿　　　校核者＿＿＿＿＿＿＿＿＿＿＿＿

土样名称＿＿＿＿＿＿＿＿＿＿＿＿＿　　　试验日期＿＿＿＿＿＿＿＿＿＿＿

试样面积(cm^2)		钢环系数(N/0.01mm)	
试样高度(cm)		剪切速率(mm/min)	
试样体积(cm^3)		周围压力(kPa)	
试样质量(g)		试样破坏描述	
密度(g/cm^3)			
含水率(%)			

钢环读数 (0.01mm)	轴向荷重 (N)	轴向变形 (0.01mm)	轴向应变 (%)	校正面积 (cm^2)	主应力差 (kPa)	轴向应力 (kPa)
R	$P=C_k R$	Δh	$\varepsilon=\dfrac{\Delta h}{h_0}\times 100\%$	$A_a=\dfrac{A_0}{1-\varepsilon}$	$\sigma_1-\sigma_3=\dfrac{P}{A_a}$	σ_1

2.绘图

σ₃=＿＿＿＿＿kPa

纵轴：$\sigma_1-\sigma_3$(kPa)

横轴：$\varepsilon(\%)$

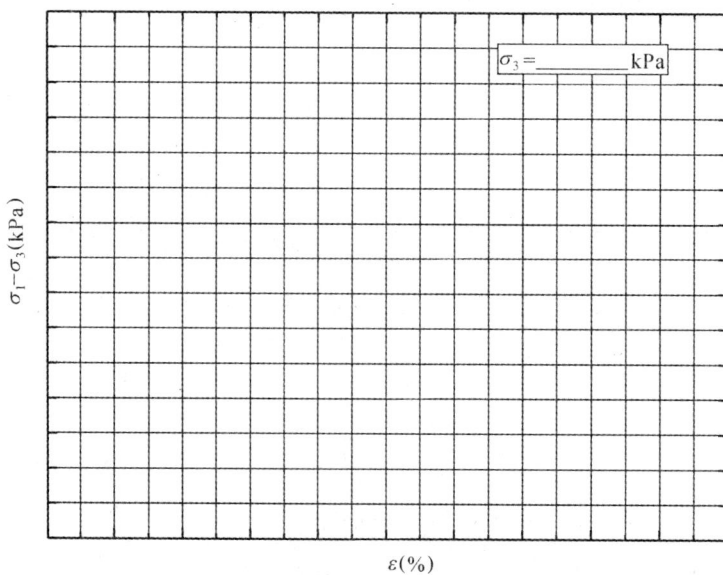

主应力差与轴向应变关系曲线

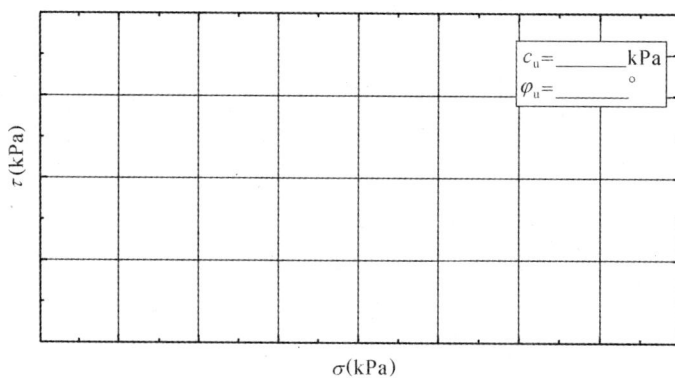

$c_u=$＿＿＿＿＿kPa
$\varphi_u=$＿＿＿＿＿°

纵轴：τ(kPa)

横轴：σ(kPa)

不固结不排水抗剪强度包线

四、回答问题

1.UU 试验与 CU、CD 试验有何不同？说出每个试验的特点。

2.抗剪强度试验中,加荷速率会对试验结果产生什么影响?

3.试验中的试样与现场土体的主要差别是什么?

4.试验过程中,可以采取哪些措施减小对土样的扰动?

土力学试验指导

（第二版）

主　编　杨迎晓

副主编　李　强　王常晶　陈荣法

ZHEJIANG UNIVERSITY PRESS
浙江大学出版社

图书在版编目（CIP）数据

土力学试验指导 / 杨迎晓主编. —2 版. —杭州：
浙江大学出版社，2015.5（2025.1 重印）
ISBN 978-7-308-14591-6

Ⅰ.①土… Ⅱ.①杨… Ⅲ.①土工试验－高等学校－
教学参考资料 Ⅳ.①TU41

中国版本图书馆 CIP 数据核字（2015）第 073386 号

内 容 提 要

　　本书主要介绍了土力学试验的基本原理、仪器设备和操作步骤。内容包括土力学试验基础知识，密度和比重试验，含水率及界限含水率试验，颗粒分析试验，击实试验，渗透试验，固结试验，抗剪强度试验。为加强应用型本科学生的实践能力和创新能力，特设了土力学综合性试验内容。

　　本书可作为高等学校土木工程等专业的教学实验用书，也可供工程技术人员参考及作为土工试验人员的培训教材。

土力学试验指导（第二版）

杨迎晓　主编

丛书策划	樊晓燕
责任编辑	王　波
封面设计	周　灵
出版发行	浙江大学出版社
	（杭州市天目山路 148 号　邮政编码 310007）
	（网址：http://www.zjupress.com）
排　　版	杭州青翶图文设计有限公司
印　　刷	嘉兴华源印刷厂
开　　本	787mm×1092mm　1/16
印　　张	10.75
字　　数	261 千
版 印 次	2015 年 5 月第 2 版　2025 年 1 月第 10 次印刷
书　　号	ISBN 978-7-308-14591-6
定　　价	30.00 元

总　序

　　近年来我国高等教育事业得到了空前的发展，高等院校的招生规模有了很大的扩展，在全国范围内发展了一大批以独立学院为代表的应用型本科院校，这对我国高等教育的持续、健康发展具有重要的意义。

　　应用型本科院校以培养应用型人才为主要目标，目前，应用型本科院校开设的大多是一些针对性较强、应用特色明确的本科专业，但与此不相适应的是，当前，对于应用型本科院校来说作为知识传承载体的教材建设远远滞后于应用型人才培养的步伐。应用型本科院校所采用的教材大多是直接选用普通高校的那些适用研究型人才培养的教材。这些教材往往过分强调系统性和完整性，偏重基础理论知识，而对应用知识的传授却不足，难以充分体现应用类本科人才的培养特点，无法直接有效地满足应用型本科院校的实际教学需要。对于正在迅速发展的应用型本科院校来说，抓住教材建设这一重要环节，是实现其长期稳步发展的基本保证，也是体现其办学特色的基本措施。

　　浙江大学出版社认识到，高校教育层次化与多样化的发展趋势对出版社提出了更高的要求，即无论在选题策划，还是在出版模式上都要进一步细化，以满足不同层次的高校的教学需求。应用型本科院校是介于普通本科与高职之间的一个新兴办学群体，它有别于普通的本科教育，但又不能偏离本科生教学的基本要求，因此，教材编写必须围绕本科生所要掌握的基本知识与概念展开。但是，培养应用型与技术型人才又是应用型本科院校的教学宗旨，这就要求教材改革必须淡化学术研究成分，在章节的编排上先易后难，既要低起点，又要有坡度、上水平，更要进一步强化应用能力的培养。

　　为了满足当今社会对土木工程专业应用型人才的需要，许多应用型本科院校都设置了相关的专业。土木工程专业是以培养注册工程师为目标，国家土木工程专业教育评估委员会对土木工程专业教育有具体的指导意见。针对这些情况，浙江大学出版社组织了十几所应用型本科院校土木工程类专业的教师共同开展了"应用型本科土木工程专业教材建设"项目的研究，探讨如何编写既能满足注册工程师知识结构要求、又能真正做到应用型本科院校"因材施教"、适合应用型本科层次土木工程类专业人才培养的系列教材。在此基础上,组建了编委会,确定共同编写"应用型本科院校土木工程专业规划教材"系列。

本套规划教材具有以下特色:

在编写的指导思想上,以"应用型本科"学生为主要授课对象,以培养应用型人才为基本目的,以"实用、适用、够用"为基本原则。"实用"是对本课程涉及的基本原理、基本性质、基本方法要讲全、讲透,概念准确清晰。"适用"是适用于授课对象,即应用型本科层次的学生。"够用"就是以注册工程师知识结构为导向,以应用型人才为培养目的,达到理论够用,不追求理论深度和内容的广度。

在教材的编写上重在基本概念、基本方法的表述。编写内容在保证教材结构体系完整的前提下,注重基本概念,追求过程简明、清晰和准确,重在原理。做到重点突出、叙述简洁、易教易学。

在作者的遴选上强调作者应具有应用型本科教学的丰富教学经验,有较高的学术水平并具有教材编写经验。为了既实现"因材施教"的目的,又保证教材的编写质量,我们组织了两支队伍,一支是了解应用型本科层次的教学特点、就业方向的一线教师队伍,由他们通过研讨决定教材的整体框架、内容选取与案例设计,并完成编写;另一支是由本专业的资深教授组成的专家队伍,负责教材的审稿和把关,以确保教材质量。

相信这套精心策划、认真组织、精心编写和出版的系列教材会得到相关院校的认可,对于应用型本科院校土木工程类专业的教学改革和教材建设起到积极的推动作用。

系列教材编委会主任
浙江大学建筑工程学院常务副院长
教育部长江学者特聘教授
陈云敏
2007 年 1 月

前　言

　　对于以培养高级应用型人才为目标的本科院校来说,实践教学的质量和水平,对人才培养的影响尤为突出,在一定意义上,实践教学是培养创新精神和实践能力的主渠道。

　　土力学试验是应用型本科土木工程等专业一个重要的实践环节。土是土木工程中应用最广泛的一种建筑材料或介质,怎样有效地开展土力学试验,如何正确地测定土的工程性质,为工程设计和施工提供可靠的参数,是各类工程建设项目首先必须要解决的问题,对于各类工程项目建设的成功与否是至关重要的。

　　本书根据应用型本科学生的特点,以实践能力培养为中心,注重理论联系实际。在每个试验前复习总结相关的土力学概念,引出试验原理。每个试验中的操作步骤简明、易懂、实用。每个试验后设有实际应用。另外,还设了根据实际工程现场条件进行土力学综合性试验项目训练的指导,加强学生实践能力和创新能力的培养,为毕业后从事土木工程岗位实践打下坚实的基础。

　　本书主要与《土力学》教材配套使用,是学生必备的教学实验用书。书中采用了国家及有关行业关于土工试验的最新规范和规程。全书共分9章,第1章土力学试验基础知识,第2章密度和比重试验,第3章含水率及界限含水率试验,第4章颗粒分析试验,第5章击实试验,第6章渗透试验,第7章固结试验,第8章抗剪强度试验,第9章土力学综合性试验。另附有土力学试验报告书。

　　本书编写单位及编写人员具体分工如下:

　　浙江树人大学——第1章(杨迎晓)、第2、3章(陈华)、第4章(徐根洪)、第5章(陈荣法)、第6章(徐毅青)、第9章(杨迎晓、徐根洪)、土力学试验报告书(杨迎晓);

　　浙江海洋学院——第7章(李强);

　　浙江大学城市学院——第8章(王常晶)。

　　全书由浙江树人大学杨迎晓担任主编,并多次修改统稿。

担任本书副主编的有浙江海洋学院李强、浙江大学城市学院王常晶和浙江树人大学陈荣法。

本书第 1 版自 2007 年出版后,被多所院校选作教材,教学反馈良好。作者在第 1 版基础上进行了部分修改,特此说明。

本书在编写过程中引用了许多专家、学者在教学、科研、实验中积累的资料以及有关的规范规程条文,在此一并表示感谢。限于作者水平,书中难免存在不当之处,恳请读者批评指正。

编　者

2015 年 3 月

目　录

第1章　土力学试验基础知识

1.1　土力学试验的任务与意义

在土木工程中,天然土层常被作为各种建筑物的基础,如在土层上建造房屋、桥梁、涵洞、堤坝等;或利用土作为构筑物周围的环境,如在土层中修筑地下建筑、地下管道、渠道、隧道等;还可利用土作为土工建筑物的材料,如修筑土堤、土坝等。因此,土是土木工程中应用最广泛的一种建筑材料或介质。

土力学是将土作为建筑物的地基、材料或介质来研究的一门学科,主要研究土的工程性质以及土在荷载作用下的应力、变形和强度问题。

土力学试验是土力学的基本内容之一。它的任务是对土的工程性质进行测试,获得土的物理性指标(如密度、含水率、土粒比重等)和力学性指标(如压缩模量、抗剪强度指标等),从而为工程设计和施工提供可靠的参数。它是正确评价工程地质条件不可缺少的前提和依据。

土是由岩石经历物理、化学、生物风化作用以及剥蚀、搬运、沉积作用,在交错复杂的自然环境中所生成的各类沉积物。因此,土的类型及其物理、力学性状是千差万别的,但在同一地质年代和相似沉积条件下,又有其相近性状的规律性。只有对具体土样的试验,才能揭示不同类型、不同产地、不同状态土的不同的力学性质。

土是由土粒(固相)、土中水(液相)和土中气(气相)所组成的三相物质。土体具有与一般连续固体材料(如钢、木、混凝土及砌体等建筑材料)不同的孔隙特性,它不是刚性的多孔介质,而是大变形的孔隙性物质,在孔隙中水的流动显示土的透水性(渗透性);土孔隙体积的变化显示土的压缩性、胀缩性;在孔隙中土粒的错位显示土内摩擦和黏聚的抗剪强度特性。土的密度、孔隙率、含水率是影响土的力学性质的重要因素。土粒大小悬殊甚大,有大于 60mm 粒径的巨粒粒组,有小于 0.075mm 粒径的细粒粒组,介于 0.075~60mm 的粒径为粗粒粒组。只有通过试验才能揭示土作为一种碎散多相地质材料的一般和特有的力学性质。

从土力学的发展历史及过程来看,从某种意义上也可以说土力学是土的实验力学,如库仑(Coulomb)定律、达西(Darcy)定律,无一不是通过对土的各种试验而建立起来的。因此,土力学试验在土力学的发展过程中占有相当重要的地位。

1.2　土力学试验项目

土力学试验项目大致可以分为土的物理性质试验和土的力学性质试验。土的物理性质试验,包括土的含水率试验、密度试验、比重试验、颗粒分析试验、界限含水率试验(液限、塑限和缩限试验)、相对密度试验(最小干密度试验和最大干密度试验)等。土的力学性质试验,包括土的渗透试验、土的固结试验、抗剪强度试验、击实试验等。

与应用型本科土木工程专业《土力学》教材配套,把《土力学》教材中涉及的室内土工试验项目汇总,见表1.1,称为土力学试验项目。应用型本科土木工程专业各专业方向,可根据专业方向的教学要求和学校的具体情况,从试验项目汇总表中挑选若干项进行组合。通过试验,探讨土体物理力学特性的基本规律,判别土的工程性质,对土进行工程分类,并能够将土体物理力学指标在工程中加以应用。

表 1.1　土力学试验项目汇总表

序号	试验项目	试验目的	主要内容	能力培养	建议学时
1	工程土样的观察判别试验	土的判别分类色,气味,组织,结构颗粒的性质,可塑状态。	1. 土样的准备 2. 砂类土的判别 3. 粉土与黏土的判别	了解土样的采集和管理;学会土的简易判别分类	1.0
2	密度试验(环刀法)	测定土的湿密度,了解土的疏密和干湿状态	1. 测定土质量 2. 整理测定结果,求出土的密度	掌握环刀法测定土的密度;运用密度换算其他物理性质指标	0.5
3	比重试验(比重瓶法)	测定土的比重,为计算土的孔隙比、饱和度以及土的其他物理力学试验提供必需的数据	1. 测定土的比重 2. 整理分析	学会采用比重瓶法测定土粒比重	2
4	含水率试验(烘干法)	测定土的含水率,了解土的含水情况;土的基本性质的计算	1. 测出水重、干土重 2. 整理测定结果,求出土的含水率	掌握烘干法测定土的含水率;学会运用含水率换算其他物理性质指标	0.5(与界限含水率试验一起进行)
5	界限含水率试验(液、塑限联合测定法)	掌握黏性土的稠度状态、液限和塑限的概念,了解黏性土状态的划分	1. 测定土的液限、塑限 2. 分析测定结果,得出土的液限、塑限 3. 定土名、判别土的状态	掌握液、塑限联合测定法;培养分析黏性土的性质和状态的能力	1.5

续表

序号	试验项目	试验目的	主要内容	能力培养	建议学时
6（选一种）	颗粒分析试验（筛分法）	测定小于某粒径的颗粒占土总质量的百分数，以便了解砂类土组成情况，供砂类土的分类、判断土的工程性质及建材选料之用	1.测定土的颗粒级配 2.判断土的颗料级配，定土名	培养对试验结果的计算、绘图描述能力；以土的级配为核心，结合实际工程分析问题的能力	2
	颗粒分析试验（密度计法）	测定小于某粒径的颗粒占土总质量的百分数，以便了解土粒的大小分配情况，并作为粉性土和黏性土分类的依据	1.测定土的颗料级配 2.整理分析测定结果	掌握土的颗粒分析方法，懂得粉性土和黏性土的分类，掌握粒径分布曲线的绘制	2
7	击实试验（黏性土）	在击实方法下测定土的最大干密度和最优含水率，是控制路堤、土坝和填土地基等密实度的重要指标。	1.对不同含水率的土进行击实 2.测定土的干密度、含水量 3.整理分析测定结果，得出土的最大干密度和最优含水率	掌握土的击实特性，领会土的含水率、击实功对土的压实性的影响。路基及填方施工方法的确定，施工管理	1.5
8（选一种）	砂土渗透试验	测定无黏性土的渗透系数 k，以便了解土的渗透性能大小，用于土的渗透计算、基坑围护设计、土坝土堤选料参考	1.测定砂土的渗透系数 2.整理分析测定结果、计算渗透系数	理解达西定律，掌握确定渗透系数的试验方法。理解流砂现象的产生条件	1.5
	黏性土渗透试验	测定黏性土的渗透系数 k，以便了解土层渗透性的强弱，作为选择坝体填土料的依据。用于基坑围护设计	1.测定黏性土的渗透系数 2.整理分析测定结果	理解达西定律，掌握确定黏性土渗透系数的试验方法	2
9	固结试验（快速法）	测定土样在侧限条件下的压缩变形和荷载的关系，用于土的变形计算	1.测定土的压缩性 2.整理分析测定结果，计算土的压缩性指标	熟悉土的压缩性指标测定方法，培养学生分析归纳的能力。掌握黏性土变形的计算，了解黏性土变形速率的计算	2
10	直接剪切试验（快剪法）	测定土的抗剪强度，根据库仑定律确定土的抗剪强度参数（内摩擦角和黏聚力）	1.测定土在不同荷载下的抗剪强度 2.整理分析测定结果，求出土的内摩擦角和黏聚力	理解库仑定律，掌握直接剪切试验方法。为基础、土坡、挡土墙等稳定性计算提供参数	2

续表

序号	试验项目	试验目的	主要内容	能力培养	建议学时
11（选一种）	无侧限抗压强度试验	测定饱和软黏土的无侧限抗压强度及灵敏度	1. 测定原状土和重塑土的无侧限抗压强度 2. 整理分析测定结果	了解无侧限抗压强度试验只是三轴压缩试验的一个特例，增强学生的动手能力，培养学生对试验结果的分析归纳能力	1
	三轴压缩试验（演示）	测定土的抗剪强度，用于边坡稳定、地基承载力等计算	在不固结不排水条件下，三轴压缩试验的剪切过程	了解三轴压缩试验方法；理解在不同工程条件下，三种排水强度指标的选用方法	2
12	土力学综合性试验	结合工程实际，模拟工程土样，进行土的强度、固结、渗透、击实等土力学综合性试验，为设计施工提供可靠依据	1. 现场调查，取样鉴别 2. 制定试验计划 3. 组织实施 4. 试验资料的整理 5. 报告总结	培养学生运用已学到的知识独立分析、解决工程实际问题的能力，创新能力以及组织、管理能力	见9.1节

1.3　土样采集

为研究地基土的工程性质，需要从建筑场地中采集原状土样，送到实验室进行土的各项物理力学性试验。要保证试验数据的可靠性，关键一环是试验的土样保持原状结构、密度与含水率。为取到高质量的不扰动土，要采用一套正确的取土技术，包括钻进方法、取土方法、包装和保存。

1.3.1　影响取土质量的因素

取土的质量对岩土工程性质的评价的可靠性起着关键作用。取土质量无保证，则取土数量和试验的数量再多，试验仪器再好，试验方法再严格，也无法使试验结果正确反映实际。影响取土质量的因素，见表1.2。

表1.2　影响取土质量的因素

因　素	说　　　　明
应力变化	1. 钻探操作工艺、钻头扰力、泥浆压力、孔内外水位差 2. 从取土器中推出土样，围压卸除，溶于水中的气体以气泡形式释出
取土技术	1. 取土器的结构和几何参数（如长径比、面积比、内间隙比等） 2. 取土方式（压入、打入等）
其他	1. 运输过程的振动、失水等 2. 储存过程的物理、化学变化（温度、化学、生物作用） 3. 制备土样时的切削扰动

表1.2所列的因素，有些是可以控制的，如取土器的几何参数、取土方式等；有些因素是

无法避免的,如应力变化等。因此,实际上完全"不扰动土样"是不存在的,扰动程度不同的土样是存在的。

1.3.2　取土质量等级

《岩土工程勘察规范》(GB 50021—2001)把土样按扰动程度划分为四级,见表 1.3。

表 1.3　土样质量等级划分

级别	扰动程度	可供试验项目
Ⅰ	未扰动	土类定名、含水率、密度、强度试验、固结试验
Ⅱ	轻微扰动	土类定名、含水率、密度
Ⅲ	显著扰动	土类定名、含水率
Ⅳ	完全扰动	土类定名

1.3.3　取土方法

土样可通过钻孔、探井、探槽或探洞采集。在采集土样时,对不同类等级土样采取要求不同的取土方法和工具,除应按现行勘测、勘察规范规定的取样工具和方法进行外,应使所取的土样具有代表性。

在钻孔内用取土器采取土样,取土器直径不得小于 100mm,并使用专门的薄壁取土器。挖掘探井、探槽或探洞,在掘探井、探槽或探洞中人工切削取块状试样,其取土质量可达Ⅰ级。

1.4　土的工程分类、鉴别和描述

对于送往实验室内的土样,至关重要的是查明其地质环境,汇总资料,正确地进行判别分类,并根据分类结果选择适当的试验方法。

1.4.1　土的工程分类

工程用土总的分为一般土和特殊土。广泛分布的一般土又可分为无机土和有机土。原始沉积的无机土大致上可分为碎石类土、砂类土、粉性土和黏性土四大类。碎石类土和砂类土总称为无黏性土,其一般特征是透水性大,无黏性;黏性土的透水性小;而粉性土的性质介于砂类土和黏性土之间。作为建筑地基的土,可分为碎石土、砂土、粉土、黏性土和淤泥性土等,见表 1.4。

表 1.4 土的工程分类

土的名称		定　义
碎石土	块石(漂石)	粒径大于 200mm 的颗粒超过全重的 50%
	碎石(卵石)	粒径大于 20mm 的颗粒超过全重的 50%
	角砾(圆砾)	粒径大于 2mm 的颗粒超过全重的 50%
砂土	砾砂	粒径大于 2mm 的颗粒占总质量的 25%～50%
	粗砂	粒径大于 0.5mm 的颗粒超过总质量的 50%
	中砂	粒径大于 0.25mm 的颗粒超过总质量的 50%
	细砂	粒径大于 0.075mm 的颗粒超过总质量的 85%
	粉砂	粒径大于 0.075mm 的颗粒超过总质量的 50%
粉土	砂质粉土	$I_P \leq 7$,粒径小于 0.005mm 的颗粒含量不超过全重 10%
	黏质粉土	$7 < I_P \leq 10$,粒径小于 0.005mm 的颗粒含量超过全重 10%
黏性土	粉质黏土	$10 < I_P \leq 17$
	黏土	$I_P > 17$
淤泥性土	淤泥质土	$w > w_L, 1.0 \leq e < 1.5$
	淤泥	$w > w_L, e \geq 1.5$
填土	冲填土	由水力冲填砂土、粉土或黏性土而形成的填土
	素填土	由碎石土、砂土、粉土、黏性土等组成的填土,分层碾压后称为压实填土
	杂填土	含有建筑垃圾、工业废料、生活垃圾等杂物的填土

1.4.2 土的简易鉴别方法

简易鉴别地基土可用目测法代替筛析法确定土颗粒组成及其特征。对碎石土和砂土的鉴别方法,可利用日常熟悉的食品如绿豆、小米、砂糖、玉米面的颗粒作为标准,进行对比鉴别。详见表 1.5。

表 1.5 碎石与砂土的简易鉴别

土名 土类	鉴别方法	观察颗粒粗细	干土状态	湿土状态	湿润时用手拍击
碎石土	卵石(碎石)	1/2 以上(指重量,下同)颗粒接近或超过干枣大小(约20mm)	完全分散	无黏着感	表面无变化
	圆砾(角砾)	1/2 以上颗粒接近或超过绿豆大小(约2mm)	完全分散	无黏着感	表面无变化
砂土	砾砂	1/4 以上颗粒接近或超过绿豆大小	完全分散	无黏着感	表面无变化
	粗砂	1/2 以上颗粒接近或超过小米粒大小	完全分散	无黏着感	表面无变化
	中砂	1/2 以上颗粒接近或超过砂糖	基本分散	无黏着感	表面偶有水印

续表

鉴别方法 土名 土类		观察颗粒粗细	干土状态	湿土状态	湿润时用手拍击
砂 土	细砂	颗粒粗细类似粗玉米面	基本分散	偶有轻微 黏着感	接近饱和时表面有水印
	粉砂	颗粒粗细类似细白糖	颗粒部分分散、 部分轻微胶结	偶有轻微 黏着感	接近饱和时表面翻浆

对黏性土与粉土的鉴别方法,根据手搓油腻或砂粒感等感觉,加以区分和鉴别,详见表 1.6。新近沉积黏性土的野外鉴别方法见表 1.7。

表 1.6　黏性土与粉土的简易鉴别

鉴别方法 土名	干土状态	手搓时感觉	湿土状态	湿土手搓情况	小刀切 削湿土
黏土	坚硬,用锤 才能打碎	极细的均质 土块	可塑,滑腻,黏 着性大	易搓成 $d<0.5\text{mm}$ 长条,易滚成小土球	切面光滑 不见砂粒
粉质黏土	手压土块可 碎散	无均质感, 有砂粒感	可塑,略滑腻, 有黏性	能搓成 $d\approx1\text{mm}$ 土 条,能滚成小土球	切面平整 感有砂粒
粉土	手压土块散 成粉末	土质不均, 可见砂粒	稍可塑,不油 腻,黏性弱	难搓成 $d<2\text{mm}$ 细 条,滚成土球易裂	切面粗糙

表 1.7　新近沉积黏性土的简易鉴别

沉积环境	颜色	结构性	含有物
河滩及部分山前 洪冲积扇的表 层,古河道及已 填塞的湖塘沟谷 及河道泛滥区	深而暗,呈褐 栗、暗黄或灰 色,含有机质较 多时呈黑色	结构性差,用手扰 动原状土样,显著 变软,粉性土有振 动液化现象	无自身形成的粒状结核体,但可含 有一定磨圆度的外来钙质结核体 (如礓结石)及贝壳等。在城镇附 近可能含少量碎砖、瓦片、陶瓷及 钱币、朽木等人类活动的遗物

对土的有机质可根据土中未完全分解的动植物残骸和无定形物质判定是有机土还是无机土。有机质呈黑色、青黑色或暗色,有嗅味,手触有弹性和海绵感。

1.4.3　土状态描述

1. 在现场采样和试验开启土样时,应按下述内容描述土的状态。

(1)巨粒土和粗粒土:土颗粒的最大粒径;漂石粒、卵石粒、砾粒、砂粒组的含量百分数;土颗粒形状(圆、次圆、棱角或次棱角);土颗粒矿物成分;土的颜色和有机物含量;细粒土成分(黏土或粉土);土的代号和名称。

示例:粉质砂土,含砾约 20%,最大粒径约 10mm,砾坚,带棱角;砂粒由粗到细,粒圆;含约 15% 的无塑性粉质土,干强度低,密实,天然状态潮湿,系冲积砂。

(2)细粒土:土粒的最大粒径;巨粒、砾粒、砂粒组的含量百分数;潮湿时颜色及有机质含量;土的湿度(干、湿、很湿或饱和);土的状态(流动、软塑、可塑或硬塑);土的塑性(高、中或低）；土的名称。

　　示例：黏质粉土，棕色，微有塑性，含少量细砂，有无数垂直根孔，天然状态坚实。

　　2.土的状态应根据不同用途按下列各项分别描述。

　　(1)当用作填土时：不同土类的分布层次和范围。

　　(2)当用作地基时：土类的分布层次及范围；土层结构、层理特征；密实度和稠度。

1.5　土样的准备

1.5.1　土样的要求与管理

　　试验所需土样的数量应满足要求进行的试验项目和试验方法的需要，采样的数量宜按表1.8中规定采取。

表1.8　试验取样数量和过土筛标准

土样数量　　　土类　　试验项目	黏　土		砂　土		过筛标准(mm)
	原状土(筒)φ10cm×20cm	扰动土(g)	原状土(筒)φ10cm×20mm	扰动土(g)	
含水率		800		500	
比重		800		500	
颗粒分析		800		500	
界限含水率		500			0.5
密度	1		1		
固结	1	2000			2.0
三轴压缩	2	5000		5000	2.0
直接剪切	1	2000			2.0
击实		轻型>15000重型>30000			5.0
无侧限抗压强度	1				
渗透	1	1000		2000	2.0

　　原状土样应符合下列要求：

　　(1)土样密封应严密，保管和运输过程中不得受震、受热、受冻。

　　(2)土样取样过程中不得受压、受挤、受扭。

　　(3)土样应充满取土筒。

　　原状土样和需要保持天然含水率的扰动土样在试验前应妥善保管，并应采取防止水分蒸发的措施。

　　随土样运到试验单位的同时，应该附送试验委托书(见表1.9)，其中各栏根据取样记录填写该表，若还有其他试验要求，可在委托书内说明。试验单位接到土样后，应按试验委托书验收。

表 1.9　土样试验委托书

工程编号＿＿＿＿＿＿　工程地点＿＿＿＿＿＿＿＿＿　送样日期＿＿＿年＿月＿＿日　收样日期＿＿＿年＿月＿＿日

工程名称＿＿＿＿＿＿＿＿＿＿＿＿＿＿＿＿＿＿＿＿＿＿＿＿＿＿＿　　　　要求完成日期＿＿＿年＿月＿＿日

土样编号	取样起止深度(m)	野外定名及岩性简述	取土日期	取土方法	取土器类型	试样质量等级	试验项目(需做的打勾)																
							含水率	密度	比重	液塑限	快速固结	标准固结	直剪		三轴			无侧限	颗粒分析	渗透		有机质含量			
													快剪	固快	UU	CU	CD			垂直	水平				

技术要求及试验方法：

＿＿＿

送样人＿＿＿＿＿＿　收样人＿＿＿＿＿＿　委托单位＿＿＿＿＿＿　工程负责人＿＿＿＿＿＿　　　共　页第　页

1.5.2　原状土样的准备

原状土样，即从取土场、试坑或填方施工现场等地采取的结构未扰动的块状土，并在保持其原有含水率的状况下运到实验室内的土样，或指从钻孔中用原状土样取土器采取的土移入土样筒而运往实验室的土样。

用原状试样进行的土的力学性质试验可分两类。一类是将土样移入环刀中制作试件的渗透试验和固结试验等，一类是将土样按规定尺寸成形的无侧限抗压强度试验和三轴压缩试验等。制作试件时，勿使土样扰动。而且，试验时对试件施加作用的方向也需与土的原位承受天然渗透或荷载现象的方向一致。

切削试样时，应对土样的层次、气味、颜色、夹杂物、裂缝和均匀性进行描述。从切削的余土中取代表性试样，供测定含水率以及比重、颗粒分析、界限含水率等试验之用。原状土同一组试样间密度的允许差值不得大于 0.03g/cm^3，含水率差值不得大于 2％。

用原状土样制作试件的具体方法，请参阅各土的力学性质试验。

1.5.3　扰动土样的准备

扰动土样，即用挖土铲从取土场、试坑或填土现场挖出后用塑料袋和试样箱包装的土样，或用取样器采取而受到扰动的土样以及原状土样成形时所收集的余土等。

扰动试样的试验可分为在保持天然含水量下进行试验和经风干处理后的风干状态进行试验两种情况。前者可作为建筑地基的黏性土的稠度指数。进行能否作为材料的土的判别试验时，应用后者较为方便。

　　制备风干扰动试样时,可在室内将土样平铺在较大的平底容器内,避免阳光直晒。若急需这种风干试样而进行强制风干时,温度也不得超过 60℃。

1.5.4　试样饱和

　　土的孔隙逐渐被水填充的过程称为饱和,当土中孔隙全部被水充满时,该土则称为饱和土。

　　对需要饱和的试样,应根据土样的透水性能,选用试样的饱和方法:

　　(1)对于砂性土,可采用直接在仪器内对试样进行浸水饱和的方法;

　　(2)对于渗透系数大于 10^{-4} cm/s 的黏性土,可采用毛细管饱和法;

　　(3)对于渗透系数小于、等于 10^{-4} cm/s 的黏性土,可采用真空抽气饱和法。

　　具体方法,请参阅各土的力学性质试验。

第 2 章　密度和比重试验

2.1　土的三相比例指标

2.1.1　土的三相图（three phase diagram）

土由土中固体颗粒、土中水（可以处于液态、固态或气态）和土中气三部分组成,即由固、液、气三相构成。土的三相物质在质量或体积上的比例关系称为土的三相比例指标,随着各种条件的变化而改变。如地下水位的升高或降低,都将改变土中水的含量;经过压实的土,其孔隙体积将减小。这些变化都可以通过相应指标的具体数字反映出来。

土的三相比例指标可分为两类:一类是实验室直接测定的指标,另一类是换算指标。图 2.1 所示的为土的三相组成示意图。

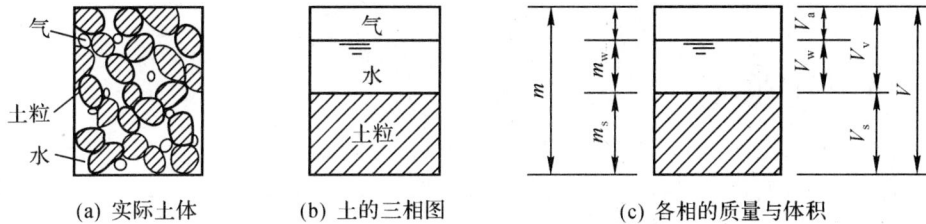

(a) 实际土体　　　　　(b) 土的三相图　　　　　(c) 各相的质量与体积

图 2.1　土的三相组成示意图

图中符号的意义如下:

m_s——土粒质量;

m_w——土中水质量;

m——土的总质量,$m = m_s + m_w$;(通常认为空气质量 m_a 可以忽略)

V_s、V_w、V_a——土粒、土中水、土中气的体积;

V_v——土中孔隙体积,$V_v = V_w + V_a$;

V——土的总体积,$V = V_s + V_w + V_a$。

2.1.2　实验室直接测定的三个指标

在土的三相比例指标中,土粒比重 G_s、土的含水率 w、密度 ρ 可由实验室直接测定。

1. 土的密度 ρ

单位体积土的质量称为土的密度(density),单位 g/cm^3,即

$$\rho = \frac{m}{V} \tag{2.1}$$

天然状态下土的密度变化范围较大,一般黏性土为 $1.8 \sim 2.0 g/cm^3$;砂土为 $1.6 \sim 2.0$ g/cm^3;腐殖土为 $1.5 \sim 1.7 g/cm^3$。土的密度一般用"环刀法"测定。

土的重度由密度乘以重力加速度求得,即 $\gamma = \rho g$,其单位是 kN/m^3。

2. 土粒比重 G_s

土粒质量与同体积的 $4℃$ 时纯水的质量之比,称为土粒比重(specific gravity of soil particle),无量纲,即

$$G_s = \frac{m_s/V_s}{\rho_{w1}} = \frac{\rho_s}{\rho_{w1}} \tag{2.2}$$

式中:ρ_s——土粒密度,即土粒单位体积的质量(g/cm^3);

ρ_{w1}——$4℃$ 时纯水的密度,等于 $1g/cm^3$。

土粒比重主要取决于土的矿物成分,其变化幅度很小,一般在 2.7 左右。土粒比重可用比重瓶法测定。

3. 土的含水率 w

土中水的质量与土粒质量之比,称为土的含水率(water content),以百分数计,即

$$w = \frac{m_w}{m_s} \times 100\% \tag{2.3}$$

含水率 w 是表示土含水程度(或湿度)的一个重要物理指标。天然土层的含水率变化范围很大,它与土的种类、埋藏条件及其所处的自然地理环境等相关。土的含水率一般用"烘干法"测定。

2.1.3 换算指标

在土的三相比例指标中,土粒比重 G_s、土的含水率 w、密度 ρ 是通过试验直接测定的,在测定这三个基本指标后,其他各个指标即可通过换算取得。

图 2.2 所示的是土的三相换算图,假设土的颗粒体积 $V_s=1$,令 $\rho_{w1}=\rho_w$,则孔隙体积 $V_v=e$,总体积 $V=1+e$,颗粒质量 $m_s=V_s G_s \rho_w = G_s \rho_w$,水的质量 $m_w = wm_s = wG_s\rho_w$,总质量 $m = G_s(1+w)\rho_w$,根据土的孔隙比 e、干密度 ρ_d、饱和密度

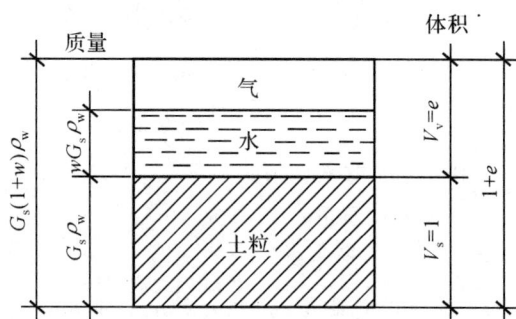

图 2.2 土的三相换算图

ρ_{sat}、有效密度 ρ'、孔隙率 n、饱和度 S_r 的定义,由图 2.2 得出换算指标计算公式,见表 2.1。

表 2.1　常用土的三相比例指标换算公式

换算指标	用试验指标计算的公式	用其他指标计算的公式	常见的数值范围
孔隙比 e	$e=\dfrac{G_s(1+w)\rho_w}{\rho}-1$	$e=\dfrac{G_s\rho_w}{\rho_d}-1$	黏性土：0.40～1.20 粉土：0.40～1.20 砂土：0.30～0.90
有效密度 ρ'	$\rho'=\dfrac{\rho(G_s-1)}{G_s(1+w)}$	$\rho'=\rho_{sat}-\rho_w$	0.8～1.3 g/cm³
干密度 ρ_d	$\rho_d=\dfrac{\rho}{1+w}$	$\rho_d=\dfrac{G_s}{1+e}\rho_w$	1.3～1.8 g/cm³
饱和密度 ρ_{sat}	$\rho_{sat}=\dfrac{\rho(G_s-1)}{G_s(1+w)}+\rho_w$	$\rho_{sat}=\dfrac{G_s+e}{1+e}\rho_w$ $\rho_{sat}=\rho'+\rho_w$	1.8～2.3 g/cm³
饱和度 S_r	$S_r=\dfrac{\rho G_s w}{G_s(1+w)\rho_w-\rho}$	$S_r=\dfrac{wG_s}{e}$	$0\leqslant S_r\leqslant50\%$　稍湿 $50<S_r\leqslant80\%$　很湿 $80<S_r\leqslant100\%$ 饱和
孔隙率 n	$n=1-\dfrac{\rho}{G_s(1+w)\rho_w}$	$n=\dfrac{e}{1+e}$	黏性土：30%～60% 粉　土：30%～60% 砂　土：25%～45%

2.2　密度试验——环刀法

土的密度反映了土体结构的松紧程度,是计算土的自重应力、干密度、孔隙比、孔隙度等指标的重要依据,也是挡土墙土压力计算、土坡稳定性验算、地基承载力和沉降量估算以及路基路面施工填土压实度控制的重要指标之一。

土的密度一般是指土的湿密度 ρ,相应的重度称为湿重度 γ,除此以外还有土的干密度 ρ_d、饱和密度 ρ_{sat} 和有效密度 ρ',相应的有干重度 γ_d、饱和重度 γ_{sat} 和有效重度 γ'。

密度试验(density test)方法有环刀法、蜡封法、灌水法和灌砂法等。对于细粒土,宜采用环刀法;对于易碎裂、难以切削的土,可用蜡封法;对于现场粗粒土,可用灌水法或灌砂法。这里介绍环刀法。

环刀法(cutting ring method)就是采用一定体积环刀切取土样并称土质量的方法,环刀内土的质量与环刀体积之比即为土的密度。

2.2.1　适用范围

环刀法操作简便且准确,在室内和野外均普遍采用,但环刀法只适用于测定不含砾石颗粒的细粒土的密度。

2.2.2　仪器设备

试验所用的主要仪器设备如下(见图 2.3):

1. 环刀：内径 61.8mm（面积 30cm²）或内径 79.8mm（面积 50cm²），高 20mm。
2. 天平：称重 500g，最小分度值 0.1g；称重 200g，最小分度值 0.01g。
3. 其他：切土刀、钢丝锯、圆玻璃片、凡士林等。

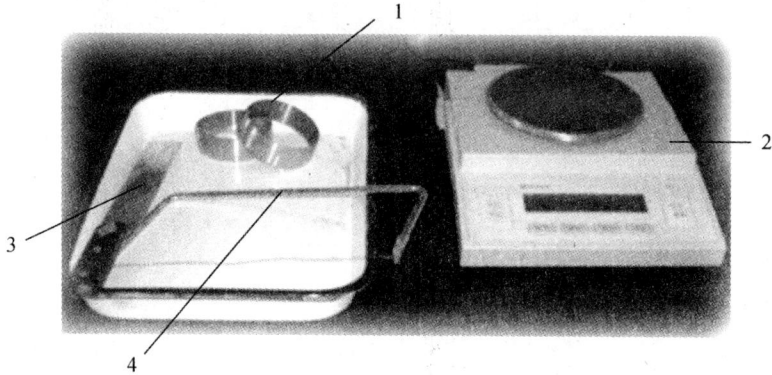

图 2.3　密度试验（环刀法）主要仪器设备
1—环刀；2—天平；3—切土刀；4—钢丝锯

2.2.3　操作步骤

1. 按工程需要取原状土样，其直径和高度应大于环刀的尺寸，整平两端放在圆玻璃片上；
2. 在环刀的内壁涂一层凡士林，将环刀的刀刃向下放在土样上面，用切土刀把环刀完全压入土内（压时要均匀地垂直向下用力），使保持天然状态的土样填满环刀内；
3. 用切土刀削去环刀外侧的土、刮平上下面后，再用擦布把环刀外侧擦净；
4. 在天平上称取环刀加土的总质量，准确至 0.01g。

2.2.4　试验记录

工程名称＿＿＿＿＿＿＿＿＿＿＿＿　　　　　　　　　试验者＿＿＿＿＿＿＿＿＿＿＿

取土深度＿＿＿＿＿＿＿＿＿＿＿＿　　　　　　　　　计算者＿＿＿＿＿＿＿＿＿＿＿

钻孔编号＿＿＿＿＿＿＿＿＿＿＿＿　　　　　　　　　试验日期＿＿＿＿＿＿＿＿＿＿

土样编号	环号	环刀加土质量（g）	环刀质量（g）	湿土质量（g）	土样体积（cm³）	密度（g/cm³）	平均密度（g/cm³）
		(1)	(2)	(3)=(1)-(2)	(4)	(5)=(3)/(4)	

2.2.5　密度试验成果整理及应用

一、密度试验成果整理

1. 湿土质量（m）＝环刀加土质量－环刀质量；

2. 土样体积(V)即为环刀体积；

3. 湿密度 ρ : $\rho = \dfrac{m}{V}$ ；

4. 干密度 ρ_d : $\rho_d = \dfrac{\rho}{1+w}$ 。

二、密度试验实例

浙江杭州某工程,取土深度在 $10.20 \sim 58.00m$ 的 12 个土样,密度试验结果见表2.2。

表 2.2

工程名称　杭州某工程　　　　　　　　　　　　试验者＿＿＿＿＿＿＿

钻孔编号　cxzk5-1　　　　　　　　　　　　试验日期2006 年 4 月 18 日

土样编号	取土深度(m)	环号	环刀加土质量(g)	环刀质量(g)	湿土质量(g)	土样体积(cm³)	密度(g/cm³)	平均密度(g/cm³)	土　名
			(1)	(2)	(3)=(1)-(2)	(4)	(5)=(3)/(4)		
110	10.20~10.40	20	147.02	43.00	104.02	60.00	1.740	1.76	淤泥质黏土
		21	149.35	43.00	106.35	60.00	1.773		
111	12.60~12.80	22	159.74	43.00	116.74	60.00	1.964	1.95	黏土
		23	159.09	43.00	116.09	60.00	1.935		
112	14.60~14.80	24	159.86	43.00	116.86	60.00	1.948	1.94	黏土
		25	159.47	43.00	116.47	60.00	1.941		
113	16.70~16.90	26	160.22	43.00	120.22	60.00	2.004	2.01	黏土
		27	160.58	43.00	120.58	60.00	2.010		
114	21.60~21.80	28	158.79	43.00	115.79	60.00	1.930	1.93	粉质黏土
		29	158.91	43.00	115.91	60.00	1.932		
115	23.60~23.80	30	153.72	43.00	110.72	60.00	1.845	1.85	粉质黏土
		31	154.04	43.00	111.04	60.00	1.851		
116	24.80~25.00	32	160.59	43.00	117.59	60.00	1.960	1.96	粉质黏土
		33	160.18	43.00	117.18	60.00	1.953		
117	28.60~28.80	34	154.71	43.00	111.71	60.00	1.862	1.87	黏土
		35	155.39	43.00	112.39	60.00	1.873		
118	34.60~34.80	36	157.47	43.00	114.47	60.00	1.908	1.91	粉质黏土
		37	157.69	43.00	114.69	60.00	1.912		
119	40.20~40.40	38	160.08	43.00	117.08	60.00	1.951	1.95	粉质黏土
		39	160.20	43.00	117.20	60.00	1.953		
120	46.60~46.80	40	162.09	43.00	119.09	60.00	1.985	1.98	粉质黏土
		41	161.73	43.00	118.73	60.00	1.979		
121	57.80~58.00	42	163.59	43.00	120.59	60.00	2.010	2.02	粉质黏土
		43	164.98	43.00	121.98	60.00	2.033		

2.3　比重试验——比重瓶法

土粒比重是指土粒在温度 $105 \sim 110℃$ 下烘至恒重时的质量与土粒同体积4℃时纯水质

量的比值。

土粒的比重是土的基本物理性质之一,是计算孔隙比、孔隙率、饱和度等的重要依据,也是评价土类的主要指标。土粒的比重主要取决于土的矿物成分,不同土类的比重变化幅度不大。

土的比重试验(specific gravity test)根据土粒粒径的不同可分别采用比重瓶法、浮称法或虹吸管法。对于粒径小于 5mm 的土,采用比重瓶法进行,其中对于排除土中空气可用煮沸和真空抽气法;对于粒径大于等于 5mm 的土,且其中粒径大于 20mm 颗粒小于 10% 时,采用浮称法进行;对于粒径大于等于 5mm 的土,但其中粒径大于 20mm 颗粒大于 10% 时,采用虹吸筒法进行;当土中同时含有粒径小于 5mm 和粒径大于等于 5mm 的土粒时,粒径小于 5mm 的部分用比重瓶法测定,粒径大于等于 5mm 的部分则用浮称法或虹吸筒法测定,并取其加权平均值作为土的比重。这里介绍比重瓶法。

比重瓶法(density bottle method),其基本原理就是由称好质量的干土放入盛满水的比重瓶的前后质量差异,来计算土粒的体积,从而进一步计算出土粒比重。

2.3.1 适用范围

比重瓶法适用于粒径小于 5mm 的各类土(粒径等于、大于 5mm 的各类土应选用其他方法)。

2.3.2 仪器设备

试验所用的主要仪器设备,应符合下列规定:

1. 比重瓶:容积 100mL 或 50mL,分长颈和短颈两种;
2. 恒温水槽:准确度应为 ±1℃;
3. 砂浴:应能调节温度;
4. 天平:称量 200g,最小分度值为 0.001g;
5. 温度计:刻度为 0~50℃,最小分度值为 0.5℃。

2.3.3 操作步骤

1. 按下列步骤校准比重瓶:

1)将比重瓶洗净、烘干,置于干燥器内,冷却后称量,准确至 0.001g。

2)将煮沸经冷却的纯水注入比重瓶。对长颈比重瓶注水至刻度处,对短颈比重瓶应注满纯水,塞紧瓶塞,多余水自瓶塞毛细管中溢出,将比重瓶放入恒温水槽直至瓶内水温稳定。取出比重瓶,擦干外壁,称瓶、水总质量,准确至 0.001g。测定恒温水槽内水温,准确至 0.5℃。

3)调节数个恒温水槽内的温度,温差宜为 5℃,测定不同温度下的瓶、水总质量。每个温度时均应进行两次平行测定,两次测定的差值不得大于 0.002g,取两次测值的平均值。绘制温度与瓶、水总质量的关系曲线,见图 2.4。

2. 试样制备:将土样从土样筒中取出,并将土样切成碎块、拌和均匀;在 105~110℃ 温度下烘干,对有机质含量超过 5% 的土、含石膏和硫酸盐的土,应在 65~70℃ 温度下烘干。

3. 将比重瓶烘干。称烘干试样 15g(当用 50mL 的比重瓶时,称烘干试样 10g)装入比重

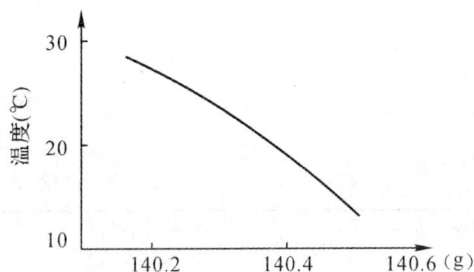

图 2.4 温度与瓶、水总质量的关系曲线

瓶,称试样和瓶的总质量,准确至 0.001g。

4.为排除土中空气,向比重瓶内注入半瓶纯水,摇动比重瓶,并放在砂浴上煮沸,煮沸时间自悬液沸腾起砂土不应少于30min,黏土、粉土不得少于1h。沸腾后应调节砂浴温度,比重瓶内悬液不得溢出。对砂土宜用真空抽气法;对含有可溶盐、有机质和亲水胶体的土必须用中性液体(煤油)代替纯水,采用真空抽气法排气,真空表读数宜接近一个大气压,抽气时间不得少于1h,直至土样内气泡排净为止。

5.将煮沸经冷却的纯水(或抽气后的中性液体)注入装有试样悬液的比重瓶。当用长颈比重瓶时注纯水至刻度处;当用短颈比重瓶时应将纯水注满,塞紧瓶塞,多余水自瓶塞毛细管中溢出。将比重瓶放入恒温水槽内至温度稳定,且瓶内上部悬液澄清。取出比重瓶,擦干瓶外壁,称瓶、水、试样总质量,准确至0.001g,并测定瓶内的水温,准确至0.5℃。

6.从温度与瓶、水总质量的关系曲线中查得各试验温度下的瓶、水总质量。

7.土粒的比重(用纯水测定),应按下式计算:

$$G_s = \frac{m_d}{m_{bw} + m_d - m_{bws}} \times G_{iT}$$

式中:m_d——干土重(g);

m_{bw}——比重瓶、水总质量(g);

m_{bws}——比重瓶、水、试样总质量(g);

G_{iT}——温度为 T℃时纯水或中性液体的比重。

水的比重可查物理手册,中性液体的比重应实测,称量应准确至0.001g。

土粒比重除实测外,也常按经验数值选用,对于一般土粒比重参考值见表2.3。

表 2.3 土粒比重参考值

土的名称	砂类土	粉性土	黏性土	
			粉质黏土	黏土
土粒比重	2.65~2.69	2.70~2.71	2.72~2.73	2.74~2.76

2.3.4　试验记录

工程名称＿＿＿＿＿＿＿＿　　　　　　　　试验者＿＿＿＿＿＿＿＿

取土深度＿＿＿＿＿＿＿＿　　　　　　　　计算者＿＿＿＿＿＿＿＿

钻孔编号＿＿＿＿＿＿＿＿　　　　　　　　试验日期＿＿＿＿＿＿＿＿

试验编号	比重瓶号	温度 (℃)	液体比重 G_{wt}	比重瓶质量 (g)	瓶干土质量 (g)	干土质量 (g)	瓶液总质量 (g)	瓶液土总质量 (g)	与干土同体积的液体质量 (g)	土粒比重 G_s	平均土粒比重
		(1)	(2)	(3)	(4)	(5)	(6)	(7)	(8)	(9)	(10)
		查表				(4)－(3)			(5)+(6)－(7)	(5)÷(8)×(2)	

2.3.5　比重试验结果整理及应用

一、比重试验成果整理

1.液体比重:为温度为 T℃ 时纯水或中性液体的比重,纯水的比重和校正系数查表2.4;

2.干土质量＝瓶干土总质量－比重瓶质量;

3.瓶液总质量:从温度与瓶、水总质量的关系曲线中查得,由实验室提供;

4.与干土同体积的液体质量:干土质量＋瓶液总质量－瓶液土总质量;

5.土粒比重＝(干土质量/与干土同体积的液体质量)×液体比重。

表 2.4　温度在 4～30℃ 时水的比重和校正系数

温度 (℃)	水的比重	校正系数 (K)	温度 (℃)	水的比重	校正系数 (K)	温度 (℃)	水的比重	校正系数 (K)
4	1.000000	1.0009	13	0.999406	1.0003	22	0.997800	0.9987
5	0.999992	1.0009	14	0.999273	1.0001	23	0.997568	0.9984
6	0.999968	1.0008	15	0.999129	1.0000	24	0.997327	0.9982
7	0.999930	1.0008	16	0.998972	0.9998	25	0.997075	0.9979
8	0.999877	1.0007	17	0.998804	0.9997	26	0.996814	0.9977
9	0.999809	1.0007	18	0.998625	0.9995	27	0.996544	0.9974
10	0.999728	1.0006	19	0.998435	0.9993	28	0.996264	0.9971
11	0.999634	1.0005	20	0.998234	0.9991	29	0.995976	0.9968
12	0.999526	1.0004	21	0.998022	0.9989	30	0.995678	0.9965

二、比重试验实例

工程名称　杭州某工程　　　　　　　　　　　试验者＿＿＿＿＿＿＿＿

取土深度　　4.00　　　　　　　　　　　　　计算者＿＿＿＿＿＿＿＿

钻孔编号　砂质粉土　　　　　　　　　　　　试验日期2006 年 12 月 26 日

试验编号	比重瓶号	温度 (℃)	液体比重 G_{wt}	比重瓶质量 (g)	瓶干土质量 (g)	干土质量 (g)	瓶液总质量 (g)	瓶液土总质量 (g)	与干土同体积的液体质量 (g)	土粒比重 G_s	平均土粒比重
		(1)	(2)	(3)	(4)	(5)	(6)	(7)	(8)	(9)	(10)
			查表			(4)−(3)			(5)+(6)−(7)	(5)÷(8)×(2)	
1	1	15.0	0.9991	36.231	51.215	14.984	136.735	146.153	5.566	2.690	2.694
	3	15.0	0.9991	37.215	52.223	15.008	137.899	147.348	5.559	2.697	
2	5	15.0	0.0001	39.623	54.448	14.825	140.023	149.423	5.426	2.730	2.715
	7	15.0	0.9991	34.820	50.061	15.241	135.487	145.088	5.640	2.700	

第 3 章　含水率及界限含水率试验

3.1　概　述

3.1.1　含水率试验的概念与目的

土中水的质量与土粒质量之比，也就是土在 105～110℃下烘至恒重时所失去的水分质量与干土质量的比值，称为土的含水率，以百分数计。

含水率 w 是表示土含水程度（湿度）的一个重要物理指标，它对黏性土的工程性质有极大的影响，如对土的状态、土的抗剪强度以及土的固结变化等。一般情况下，同一类土（尤其是细粒土），当其含水率增大时，其强度就降低。测定土的含水率，了解土的含水状况，也是计算土的孔隙比、液性指数、饱和度及其他物理力学指标不可缺少的一个基本指标。

3.1.2　界限含水率的概念

同一种黏性土随其含水率的不同，而分别处于固态、半固态、可塑状态及流动状态，其界限含水率分别为缩限、塑限和液限。黏性土由一种状态转到另一种状态的界限含水率，称为界限含水率，它对黏性土的分类及工程性质评价有重要意义。

土由可塑状态转到流动状态的界限含水率称为液限（liquid limit），用符号 w_L 表示；土由可塑状态到半固态的界限含水率称为塑限（plastic limit），用符号 w_P 表示；土由半固态不断蒸发水分，则体积继续逐渐缩小，直到体积不再收缩时，对应土的界限含水率叫缩限（shrinkage limit），用符号 w_s 表示。界限含水率都以百分数表示（省去％号）。在实际应用中，常用的为液限和塑限两个指标。

3.2　含水率试验——烘干法

含水率试验（water content test）常用烘干法。烘干法（adustion method）是将试样放在温度能保持 105～110℃的烘箱中烘至恒量的方法，是室内测量含水率的标准方法。

3.2.1　适用范围

烘干法适用于粗粒土、细粒土、有机质土和冻土。

3.2.2　仪器设备

烘干法所用的主要仪器设备(见图 3.1),应符合下列规定:

1.电热烘箱:应能控制温度为 105～110℃。

2.天平:称重 200g,最小分度值 0.01g;称重 1000g,最小分度值 0.1g。

3.其他:试样盒、切土刀等。

图 3.1　含水率试验试验仪器设备
1—天平;2—装有土样的试样盒

3.2.3　操作步骤

1.取两份具有代表性的试样 15～30g(有机质土、砂类土和整体状构造冻土为 50g),分别装入两只试棒铝盒,盖上盒盖。

2.在天平上称盒加湿土质量并作记录 ,准确至 0.01g。

3.打开盒盖,将试样置于烘箱内,在 105～110℃的恒温下烘至恒量。烘干时间黏土、粉土不得少于 8 小时,砂土不得少于 6 小时;对含有机质超过干土质量 5%的土,应将温度控制在 65～70℃的恒温下烘至恒量。

4.将土样盒从烘箱中取出,盖上盒盖,放入干燥容器内冷却至室温,称盒加干土质量并作记录,准确至 0.01g。

3.2.4　试验记录

工程名称＿＿＿＿＿＿＿＿＿　　　　　　　　　　试验者＿＿＿＿＿＿＿＿＿

钻孔编号＿＿＿＿＿＿＿＿＿　　　　　　　　　　计算者＿＿＿＿＿＿＿＿＿

取土深度＿＿＿＿＿＿＿＿＿　　　　　　　　　　试验日期＿＿＿＿＿＿＿＿＿

土样编号	盒号	盒质量(g)	盒加湿土质量(g)	盒加干土质量(g)	土中水的质量(g)	干土质量(g)	含水率(%)	平均含水率(%)	备注

3.3 界限含水率试验——液、塑限联合测定法

液、塑限联合测定法是根据圆锥仪的圆锥入土深度与其相应的含水率在双对数坐标上具有线性关系的特性来进行的。利用圆锥质量为 76g 的液塑限联合测定仪测得土在不同含水率时的圆锥入土深度,并绘制其关系直线图,在图上查得圆锥下沉深度为 17mm 所对应的含水率为液限,查得圆锥下沉深度为 2mm 所对应的含水率为塑限。

3.3.1 适用范围

液、塑限联合测定法适用于粒径小于 0.5mm 以及有机质含量不大于试样总质量 5% 的土。

3.3.2 仪器设备

本试验所用的主要仪器设备,应符合下列规定:

1.液、塑限联合测定仪(见图 3.2):包括带标尺的圆锥仪、电磁铁、显示屏、控制开关和试样杯。圆锥质量为 76g,锥角 30°;读数显示器宜采用光电式;试样杯内径为 40mm,高为 30mm。

2.天平:称重 200g,最小分度值 0.01g。

3.电热烘箱:应能控制温度为 105~110℃。

4.其他:试样盒、橡皮板、调土刀、滴管、电吹风机、凡士林等。

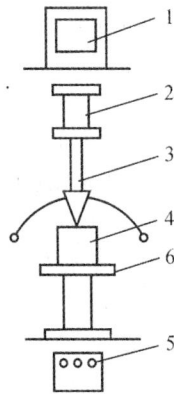

(a) 液塑联合测定仪示意图   (b) 液塑联合测定仪

图 3.2

1—显示屏;2—电磁铁;3—带标尺的圆锥仪;4—试样杯;5—控制开关;6—升降座

3.3.3 操作步骤

1.宜采用天然含水率试样,当土样不均匀时,采用风干试样,当试样中含有大于 0.5mm 的土粒和杂物时,应过 0.5mm 筛。

2.当采用天然含水率土样时,取代表性土样 250g;采用风干试样时,取 0.5mm 筛下的代表性土样 200g,将试样放在橡皮板上用纯水将土样调成均匀膏状,放入调土皿湿润过夜。

　　3. 用调土刀将制备的试样充分调拌均匀,分数次密实地填入试样杯中,注意填样时试样内部及试样杯边缘处均不应留有空隙,填满后刮平表面。

　　4. 将试样杯放在联合测定仪的升降台上,在圆锥上抹一薄层凡士林,接通电源,使电磁铁吸住圆锥。

　　5. 调节零点,将屏幕上的标尺调在零位;调整升降台,使圆锥尖接触试样表面,指示灯亮时圆锥在自重下沉入试样中,经 5 秒钟后读取圆锥下沉深度(显示在屏幕上)。重复第 4、5 步骤两到三次,取其读数的平均值。

　　6. 取下试样杯,挖去锥尖入土处的凡士林,取锥体附近的试样 10～15g 放入试样盒内,测定含水率。

　　7. 将全部试样再加水(或吹干)调匀,重复第 3 至 6 步骤分别测定第二、三点试样的圆锥下沉深度及相应的含水率。液塑限联合测定应不少于三点。(注:三点的圆锥入土深度宜为 3～4mm、7～9mm、15～17mm)

3.3.4　试验记录

表 3.1

工程名称＿＿＿＿＿＿＿＿＿＿　　　　　　　　试验者＿＿＿＿＿＿＿＿＿＿

钻孔编号＿＿＿＿＿＿＿＿＿＿　　　　　　　　计算者＿＿＿＿＿＿＿＿＿＿

土样编号＿＿＿＿＿＿＿＿＿＿　　　　　　　　试验日期＿＿＿＿＿＿＿＿＿＿

土样说明					天然含水率				
圆锥下沉深度 h (mm)	盒号	盒质量 m_0 (g)	盒加湿土质量 m_1 (g)	盒加干土质量 m_2 (g)	水质量 m_w (g)	干土质量 m_s (g)	含水率 w (%)	液限 w_L (%)	塑限 w_P (%)
		(1)	(2)	(3)	(4)= (2)-(3)	(5)= (3)-(1)	(6)= $\frac{(4)}{(5)}\times100\%$	(7)	(8)
塑性指数 I_P				土的分类					
液性指数 I_L				土的状态					

3.4　试验成果的应用

3.4.1　含水率试验成果整理及应用

一、含水率试验成果整理

1. 土中水的质量(m_w)＝盒加湿土质量－盒加干土质量

2. 干土质量(m_s)＝盒加干土质量－盒质量

3. 含水率(w)：$w = \dfrac{m_w}{m_s} \times 100\%$

二、含水率试验实例

本实例选用的土样与密度试验实例属同一工程的同一批土样，在做密度测定的同时，做了相应的各土样的含水率试验，具体结果见表 3.2。

表 3.2

工程名称   杭州某工程   试验者 ＿＿＿＿＿＿＿

工程编号   2006-04-16   计算者 ＿＿＿＿＿＿＿

钻孔编号   cxzk5-1   试验日期2006 年 4 月 18 日

土样编号	取土深度(m)	盒号	盒质量(g)	盒加湿土质量(g)	盒加干土质量(g)	土中水的质量(g)	干土质量(g)	含水率(%)	平均含水率(%)	土的分类
110	10.20～10.40	1	8.00	53.74	38.87	14.87	30.87	48.2	47.9	淤泥质黏土
		2	8.00	54.17	39.27	14.90	31.27	47.6		
111	12.60～12.80	3	8.00	61:44	48.62	12.82	40.62	31.6	31.4	黏土
		4	8.00	61.32	48.68	12.64	40.68	31.1		
112	14.60～14.80	5	8.00	57.21	45.05	12.16	37.05	32.8	33.0	黏土
		6	8.00	54.71	43.08	11.63	35.08	33.2		
113	16.70～16.90	7	8.00	48.27	40.14	8.13	32.14	25.3	25.2	黏土
		8	8.00	42.75	35.77	6.98	27.77	25.1		
114	21.60～21.80	9	8.00	63.84	51.46	12.38	43.46	28.5	28.6	粉质黏土
		10	8.00	64.39	51.81	12.58	43.81	28.7		
115	23.60～23.80	11	8.00	61.36	48.36	13.00	40.36	30.9	30.4	粉质黏土
		12	8.00	59.92	47.94	11.98	39.94	30.0		
116	24.80～25.00	13	8.00	57.36	46.52	10.84	38.52	28.1	28.0	粉质黏土
		14	8.00	54.33	44.22	10.11	36.22	27.9		
117	28.60～28.80	15	8.00	50.80	39.07	11.73	31.07	37.8	37.8	黏土
		16	8.00	58.85	44.91	13.94	36.91	37.8		
118	34.60～34.80	17	8.00	65.79	45.12	11.67	37.12	31.4	31.4	粉质黏土
		18	8.00	58.15	46.15	12.00	38.15	31.5		
119	40.20～40.40	19	8.00	60.77	49.92	10.85	41.92	25.9	26.4	粉质黏土
		20	8.00	59.54	48.64	10.90	40.64	26.8		
120	46.60～46.80	21	8.00	63.65	53.39	10.26	45.39	22.6	22.6	粉质黏土
		22	8.00	65.66	54.99	10.67	46.99	22.7		
121	57.80～58.00	23	8.00	38.75	32.78	5.97	24.78	24.1	24.2	粉质黏土
		24	8.00	44.88	37.64	7.24	29.64	24.4		

3.4.2   界限含水率试验成果整理及应用

一、界限含水率试验成果整理

1. 计算各试样的含水率

含水率(w)：$w = \dfrac{m_w}{m_s} \times 100\%$

土中水的质量 (m_w) ＝盒加湿土质量－盒加干土质量

干土质量 (m_s) ＝盒加干土质量－盒质量

2.以含水率为横坐标,圆锥入土深度为纵坐标,在双对数坐标纸上绘制关系曲线图,三点应在同一直线上(如图 3.3 中 A 线)。当三点不在同一直线上时,通过高含水率的点和其余两点连成两条直线,在下沉深度为 2mm 处查得相应的两个含水率,当两个含水率的差值小于 2% 时,以两点含水率的平均值与高含水率的点连成一直线(如图 3.3 中 B 线),当差值大于 2% 时,应重做试验。

3.在图 3.3 上查得下沉深度为 17mm 所对应的含水率为液限 (w_L) ,查得下沉深度为 2mm 所对应的含水率为塑限 (w_P) ,取值以百分数表示,准确至 0.1%。

4.塑性指数按下式计算: $I_P = w_L - w_P$

液性指数按下式计算: $I_L = \dfrac{w - w_P}{I_P}$

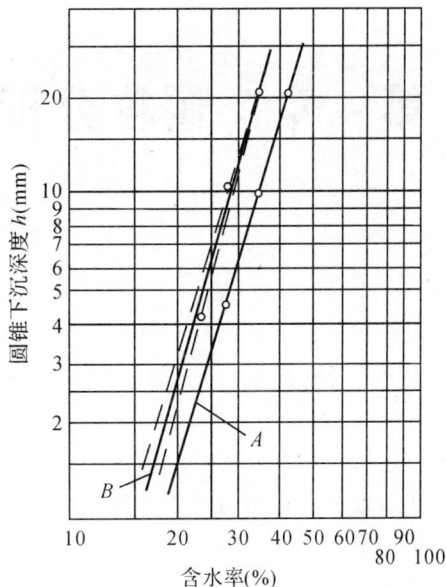

图 3.3　圆锥下沉深度与含水率关系图

二、液、塑限联合测定实例

本实例选用的土样是含水率试验实例及密度试验实例中的土样编号 110 土样。液、塑限联合测定的具体结果见表 3.3。

表 3.3

工程名称　杭州某工程　　　　　　　　　　　　试验者＿＿＿＿＿＿＿＿

土样编号　2006-04-16　　　　　　　　　　　　计算者＿＿＿＿＿＿＿＿

钻孔编号　cxzk5-1　　　　　　　　　　　　　试验日期2006 年 4 月 18 日

土样说明					天然含水率				
圆锥下沉深度 h (mm)	盒号	盒质量 m_0 (g)	盒加湿土质量 m_1 (g)	盒加干土质量 m_2 (g)	水质量 m_w (g)	干土质量 m_s (g)	含水率 w (%)	液限 w_L (%)	塑限 w_P (%)
		(1)	(2)	(3)	(4)＝(2)－(3)	(5)＝(3)－(1)	(6)＝ $\frac{(4)}{(5)} \times 100\%$	(7)	(8)
3.6	30	8.00	23.18	20.00	3.18	12.00	26.5		
7.9	31	8.00	22.65	18.93	3.72	10.93	34.0	40.2	22.8
16.2	32	8.00	26.88	21.49	5.39	13.49	40.0		
塑性指数 I_P		17.4		土的分类			淤泥质黏土		
液性指数 I_L		1.44		土的状态			流塑状态		

第4章 颗粒分析试验

4.1 概 述

颗粒分析试验(particle size analysis)的目的在于定量地说明土的颗粒级配,即土颗粒的大小以及各种粒组占该土总质量的百分数。

土中的固体颗粒(简称土粒)的大小和形状、矿物成分及其组成情况是决定土的物理力学性质的重要因素。颗粒分析常用的方法有两种,对粒径大于0.075mm的土粒常用筛析法,而对小于0.075mm的土粒则用沉降分析的方法。对于混合类土,则联合使用筛析法与密度计法。

4.1.1 土粒粒组的划分

自然界中的土,都是由大小不同的土粒组成的。天然土的粒径一般是连续变化的,工程上把大小相近的土粒合并为组,称为粒组。粒组间的分界线是人为划定的,划分时应使粒组界限与粒组性质的变化相适应。不同的粒组赋予土不同的性质。一般根据界限粒径200、60、2、0.075和0.005mm把土粒分为六大粒组:漂石(块石)颗粒、卵石(碎石)颗粒、圆砾(角砾)颗粒、砂粒、粉粒及黏粒。目前土的粒组划分方法并不完全一致,表4.1提供了《土的工程分类标准》(GBJ 145—90)和《公路土工试验规程》(JTJ 051—93)所规定的粒组划分标准。

表 4.1 土粒粒组的划分标准

粒组统称	《土的工程分类标准》(GBJ 145—90)		《公路土工试验规程》(JTJ 051—93)	
	粒组名称	粒组范围(mm)	粒组名称	粒组范围(mm)
巨粒	漂石(块石) 卵石(碎石)	>200 200~60	漂石(块石) 卵石(小块石)	0~200 200~60
粗粒	砾粒　粗 　　　中 　　　细	60~20 20~5 5~2	粗砾 中砾 细砾	60~20 20~5 5~2
	砂粒　粗 　　　中 　　　细	2~0.5 0.5~0.25 0.25~0.075	粗砂 中砂 细砂	2~0.5 0.5~0.25 0.25~0.075
细粒	粉粒 黏粒	0.075~0.005 <0.005	粉粒 黏粒	0.075~0.002 <0.002

4.1.2 土的颗粒级配

在自然界很难遇到单一粒组所组成的土,绝大多数都是由几种粒组混合组成。因此,为了说明天然土颗粒的组成情况,不仅要了解土颗粒的大小,而且要了解各种颗粒所占的比例。土粒的大小及其组成情况,通常以土中各个粒组的相对含量(各粒组占土粒总量的百分数)来表示,称为土的颗粒级配。为直观起见,通常以颗粒级配累计曲线(grain size distribution curve)表示,如图 4.1 所示。曲线的纵坐标表示小于某土粒累计质量的百分比,横坐标是用对数值表示的土的粒径。这样可以把粒径相差上千倍的大、小颗粒含量都表示出来,尤其能把占总质量的比例小,但对土的性质可能有重要影响的微小土粒部分清楚地表达出来。

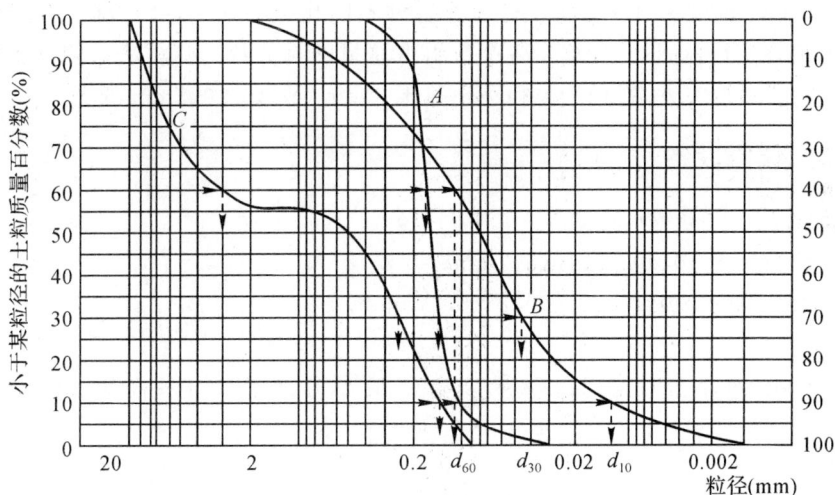

图 4.1 土的颗粒级配累计曲线

图 4.1 列举了三种土的颗粒级配。从曲线的形态上,可评定土颗粒大小的均匀程度。如曲线平缓表示粒径大小相差悬殊,颗粒不均匀,级配良好(如图 4.1 曲线 B);反之,则颗粒均匀,级配不良(图 4.1 曲线 A、C)。

在累计曲线上,可确定两个描述土的级配的指标:

1. 不均匀系数(coefficient of uniformity)

$$C_u = \frac{d_{60}}{d_{10}} \tag{4.1}$$

2. 曲率系数(coefficient of curvature)

$$C_c = \frac{d_{30}^2}{d_{60} d_{10}} \tag{4.2}$$

式中:d_{10},d_{30},d_{60}——分别相当于累计百分含量为 10%、30% 和 60% 的粒径,d_{10} 称为有效粒径,d_{60} 称为限制粒径。

不均匀系数 C_u 反映大小不同粒组的分布情况。C_u 越大表示土粒大小的分布范围越大,其级配越良好(如图 4.1 曲线 B),作为填方工程的土料时,则比较容易获得较大的密实度。曲率系数 C_c 描写的是累计曲线的分布范围,反映曲线的整体形态。当 C_u 很小时,曲线很陡,表示土均匀;当 C_u 很大时,曲线平缓,表示土的级配良好。

在一般情况下,工程上把 $C_u<5$ 的土看作是均粒土,属级配不良;$C_u>10$ 的土,属级配良好。实际上,单独只用一个指标 C_u 来确定土的级配情况是不够的,要同时考虑累积曲线的整体形状,所以需参考曲率系数 C_c 值。一般认为:砾类土或砂类土同时满足 $C_u \geqslant 5$ 和 C_c = 1~3 两个条件时则定名为良好级配砾或良好级配砂。

工程中用级配良好的土作为路堤、堤坝的填土用料时,比较容易获得较大的密实度。

4.2　筛析法

4.2.1　基本原理

筛析法(sieve analysis)就是将土样通过各种不同孔径的筛子,并按筛子孔径的大小将颗粒加以分组,然后再称量并计算出各个粒组占总量的百分数。筛析法是测定土的颗粒组成最简单的一种试验方法,适用于粒径小于等于 60mm、大于 0.075mm 的土。

4.2.2　仪器设备

1.分析筛

(1)粗筛,孔径为 60、40、20、10、5、2mm;

(2)细筛,孔径为 2.0、1.0、0.5、0.25、0.075mm。

2.天平

称量 5000g,最小分度值 1g;称量 1000g,最小分度值 0.1g;称量 200g,最小分度值 0.01g。

3.振筛机

筛析过程中应能上下振动、水平转动。

4.其他

烘箱、研钵、瓷盘、毛刷等。

4.2.3　操作步骤

先用风干法制样,然后从风干松散的土样中,按表 4.2 称取有代表性的试样,称量应准确至 0.1g,当试样质量超过 500g 时,称量应准确至 1g。

表 4.2　筛析法取样质量

颗粒尺寸(mm)	取样质量(g)
<2	100~300
<10	300~1000
<20	1000~2000
<40	2000~4000
<60	4000 以上

1.无黏性土

(1)将按表 4.2 称取的试样过孔径为 2mm 的筛,分别称出留在筛子上和已通过筛子孔径的筛子下试样质量。当筛下的试样质量小于试样总质量的 10%时,不作细筛分析;当筛上试样质量小于试样总质量的 10%时,不作粗筛分析。

(2)取 2mm 筛上的试样倒入依次叠好的粗筛的最上层筛中,进行粗筛筛析,然后再取 2mm 筛下的试样倒入依次叠好的细筛的最上层筛中,进行细筛筛析,进行振筛,振筛时间一般为 10~15min。

(3)按由最大孔径的筛开始,顺序将各筛取下,称留在各级筛上及底盘内试样的质量,准确至 0.1g。

(4)筛后各级筛上及底盘内试样质量的总和与筛前试样总质量的差值,不得大于试样总质量的 1%。

2.含有细粒土颗粒的砂土

(1)将按表 4.2 称取的代表性试样置于盛有清水的容器中,用搅棒充分搅拌,使试样的粗细颗粒完全分离。

(2)将容器中的试样悬液通过 2mm 筛,取留在筛上的试样烘至恒重,并称烘干试样质量,准确到 0.1g。

(3)将粒径大于 2mm 的烘干试样倒入依次叠好的粗筛的最上层筛中,进行粗筛筛析。按由最大孔径的筛开始,顺序将各筛取下,称留在各级筛上及底盘内试样的质量,准确至 0.1g。

(4)取通过 2mm 筛下的试样悬液,用带橡皮头的研杆研磨,然后再过 0.075mm 筛,并将留在 0.075mm 筛上的试样烘至恒量,称烘干试样质量,准确至 0.1g。

(5)将粒径大于 0.075mm 的烘干试样倒入依次叠好的细筛的最上层筛中,进行细筛筛析。细筛宜置于振筛机上进行振筛,振筛时间一般为 10~15min。

(6)当粒径小于 0.075mm 的试样质量大于试样总质量的 10%时,应采用用密度计法或移液管法测定小于 0.075mm 的颗粒组成。

4.2.4　成果整理

1.小于某粒径的土中试样总质量的百分比可按式(4.3)计算:

$$X = \frac{m_A}{m_B} d_x \qquad (4.3)$$

式中:X——小于某粒径的试样质量占试样总质量的百分比(%);

　　m_A——小于某粒径的试样质量(g);

　　m_B——当细筛分析时或用密度计法分析时为所取的试样质量;当粗筛分析时为试样总质量(g);

　　d_x——粒径大于 2mm 或粒径小于 0.075mm 的试样质量占试样总质量的百分比(%),如试样中无大于 2mm 粒径或无小于 0.075mm 的粒径,在粗筛分析计算时则取 $d_x = 100\%$。

2.制图

以小于某粒径的试样质量占试样总质量的百分比为纵坐标,以颗粒粒径为对数横坐标,在单对数坐标上绘制颗粒大小分布曲线。

按式(4.1)计算不均匀系数 C_u;按式(4.2)计算曲率系数 C_c。

4.2.5　试验记录

筛析法颗粒分析试验记录见表4.3。

表4.3　颗粒分析试验记录表(筛析法)

工程名称_____　　　　　　　　　　　　　　　　试验者_____

工程编号_____　　　　　　　　　　　　　　　　计算者_____

土样说明_____

试验日期_____　　　　　　　　　　　　　　　　校核者_____

风干土质量＝_____ g　　　　小于0.075mm的土占总土质量百分数＝_____ %

2mm筛上土质量＝_____ g　　小于2mm的土占总土质量百分数 d_x ＝_____ %

2mm筛下土质量＝_____ g　　细筛分析时所取试样质量＝_____ g

筛号	孔径 (mm)	累计留筛土质量 (g)	小于该孔径的土质量(g)	小于该孔径的土质量百分数(%)	小于该孔径的总土质量百分数(%)
底盘总计					

4.3　密度计法

4.3.1　基本原理

密度计法(hydrometer analysis)是依据司笃克斯定律进行测定的。当土粒在液体中靠自重下沉时,较大的颗粒下沉较快,而较小的颗粒下沉则较慢。一般认为,对于粒径为0.2~0.002mm的颗粒,在液体中靠自重下沉时,作等速运动,这符合司笃克斯定律。密度计法是沉降分析法的一种,只适用于粒径小于0.075mm的试样。

用密度计进行颗粒分析须作下列三个假定:

(1)司笃克斯定律能适用于用土样颗粒组成的悬液。

(2)试验开始时,土的大小颗粒均匀地分布在悬液中。

(3)所采用量筒的直径较比重计直径大得多。

密度计法是将一定量的土样(粒径<0.075mm)放在量筒中,然后加纯水,经过搅拌,使土的大小颗粒在水中均匀分布,制成一定量的均匀浓度的土悬液(1000mL)。静置悬液,让土粒沉降,在土粒下沉过程中,用密度计测出在悬液中对应于不同时间的不同悬液密度,根据密度计读数和土粒的下沉时间,就可计算出粒径小于某一粒径 d(mm)的颗粒占土样的百分数。

4.3.2　仪器设备

1.密度计

(1)甲种密度计,刻度为$-5°\sim50°$,最小分度值为 0.5°。

(2)乙种密度计(20℃/20℃),刻度为 0.995~1.020,最小分度值为 0.0002。

2.量筒:内径约 60mm,容积 1000mL,高约 420mm,刻度 0~1000mL,准确至 10mL。

3.洗筛:孔径 0.075mm。

4.洗筛漏斗:上口直径大于洗筛直径,下口直径略小于量筒内径。

5.天平:称量 1000g ,最小分度值 0.1g;称量 200g,最小分度值 0.001g。

6.搅拌器:轮径 50mm,孔径 3mm,杆长约 450 mm,带螺旋叶。

7.煮沸设备:附冷凝管装置。

8.温度计:刻度 0~50℃;最小分度值 0.5℃。

9.其他:秒表,锥形瓶(容积 500mL)、研钵、木杵、电导率仪等。

4.3.3　试剂

1. 4%六偏磷酸钠溶液:溶解 4g 六偏磷酸钠$(NaPO_3)_6$于 100mL 水中。

2. 5%酸性硝酸银溶液:溶解 5g 硝酸银$(AgNO_3)$于 100mL 的 10%硝酸(HNO_3)溶液中。

3. 5%酸性氯化钡溶液:溶解 5g 氯化钡$(BaCl_2)$于 100mL 的 10%盐酸(HCl)溶液中。

4.3.4　操作步骤

1.试验的试样宜采用风干试样,当试样中易溶盐含量大于 0.5%时,应洗盐,然后风干备样。易溶盐含量的检验方法可用电导法或目测法,详见《土工试验方法标准》GB/T 50123—1999。

2.称取具有代表性风干试样 200~300g,过 2mm 筛,求出留在筛上试样占试样总质量的百分比。取筛下土测定试样风干含水率。

3.试样干质量为 30g 的风干试样质量按式(4.4)和式(4.5)计算:

当易溶盐含量小于 1%时,

$$m_0 = 30(1 + 0.01w_0) \qquad (4.4)$$

当易溶盐含量大于、等于 1% 时,

$$m_0 = \frac{30(1 + 0.01w_0)}{1 - 0.01W} \qquad (4.5)$$

式中:m_0——风干土质量(g);

w_0——风干土含水率(%);

W——易溶盐含量(%)。

4. 将风干试样或洗盐后在滤纸上的试样倒入 500mL 锥形瓶,注入纯水 200mL,浸泡过夜。将锥形瓶置于煮沸设备上煮沸,煮沸时间宜为 40min～1h。

5. 将冷却后的悬液倒入烧杯中,静置 1min,通过洗筛漏斗将上部悬液过 0.075mm 筛,遗留杯底沉淀物用带橡皮头研杵研散,再加适量水搅拌,静置 1min,再将上部悬液过 0.075mm 筛,如此重复进行,直至静置 1min 后,上部悬液澄清为止,但是须注意的是,最后所得悬液不得超过 1000mL。

6. 将筛上和杯中砂粒合并洗入蒸发器中,倒去清水,烘干,称量,然后进行筛孔径分别为 2mm、1mm、0.5mm、0.25mm 和 0.1mm 的细筛分析,并计算大于 0.075mm 的各级颗粒占试样总质量的百分比。

7. 将已通过 0.075mm 筛的悬液倒入量筒内,加入 10mL 的 4% 六偏磷酸钠分散剂,再注入纯水至 1000mL。

8. 用搅拌器在量筒内沿悬液深度上下搅拌 1min,往复约 30 次,使悬液内土粒均匀分布,但在搅拌时注意不能使悬液溅出筒外。

9. 取出搅拌器,将密度计放入悬液中的同时,立即开动秒表,测记 0.5、1、2、5、15、30、60、120 和 1440min 时的密度计读数。每次读数前 10～20s,均应将密度计放入悬液中,且保持密度计浮泡处在量筒中心,不得贴近量筒内壁。

10. 每次读数后,应取出密度计放入盛有纯水的量筒中,并测定相应的悬液温度,准确至 0.5℃,放入或取出密度计时,应小心轻放,不得扰动悬液。

11. 密度计读数均以弯液面上缘为准。甲种密度计应准确至 0.5,乙种密度计应准确至 0.0002。

4.3.5 成果整理

1. 小于某粒径的试样质量占试样总质量的百分比,应按式(4.6)和式(4.7)计算。

(1)甲种密度计

$$X=\frac{100}{m_d}C_G(R+m_T+n-C_D) \tag{4.6}$$

式中:X——小于某粒径的试样质量百分比(%);

　　　m_d——试样干土质量(g);

　　　C_G——土粒比重校正值,查表 4.4;

　　　m_T——悬液温度校正值,查表 4.5;

　　　n——弯液面校正值;

　　　C_D——分散剂校正值;

　　　R——甲种密度计读数。

(2)乙种密度计

$$X=\frac{100V_x}{m_d}C_G{}'[(R'-1)+m_T{}'+n'+C_D{}']\rho_{w20} \tag{4.7}$$

式中:$C_G{}'$——土粒比重校正值,查表 4.4;

m_T'——悬液温度校正值,查表 4.5;

n'——弯液面校正值;

C_D'——分散剂校正值;

R'——乙种密度计读数;

V_x——悬液体积(=1000mL);

ρ_{w20}——20℃时纯水的密度(=0.998232g/cm³)。

表 4.4 土粒比重校正表

土粒比重	比重校正值	
	甲种比重计(C_G)	乙种比重计(C_G')
2.50	1.038	1.666
2.52	1.032	1.658
2.54	1.027	1.649
5.56	1.022	1.641
2.58	1.017	1.632
2.60	1.012	1.625
2.62	1.007	1.617
2.64	1.002	1.609
2.66	0.998	1.603
2.68	0.993	1.595
2.70	0.989	1.588
2.72	0.985	1.581
2.74	0.981	1.575
2.76	0.977	1.568
2.78	0.973	1.562
2.80	0.969	1.556
2.82	0.965	1.549
2.84	0.961	1.543
2.86	0.958	1.538
2.88	0.954	1.532

表 4.5　温度校正表

悬液温度 （℃）	甲种密度计 温度校正值 m_T	乙种密度计 温度校正值 m_T'	悬液温度 （℃）	甲种密度计 温度校正值 m_T	乙种密度计 温度校正值 m_T'
10.0	−2.0	−0.0012	20.0	0	0
10.5	−1.9	−0.0012	20.5	+0.1	+0.0001
11.0	−1.9	−0.0012	21.0	+0.3	+0.0002
11.5	−1.8	−0.0011	21.5	+0.5	+0.0003
12.0	−1.8	−0.0011	22.0	+0.6	+0.0004
12.5	−1.7	−0.0010	22.5	+0.8	+0.0005
13.0	−1.6	−0.0010	23.0	+0.9	+0.0006
13.5	−1.5	−0.0009	23.5	+1.1	+0.0007
14.0	−1.4	−0.0009	24.0	+1.3	+0.0008
14.5	−1.3	−0.0008	24.5	+1.5	+0.0009
15.0	−1.2	−0.0008	25.0	+1.7	+0.0010
15.5	−1.1	−0.0007	25.5	+1.9	+0.0011
16.0	−1.0	−0.0006	26.0	+2.1	+0.0013
16.5	−0.9	−0.0006	26.5	+2.2	+0.0014
17.0	−0.8	−0.0005	27.0	+2.5	+0.0015
17.5	−0.7	−0.0004	27.5	+2.6	+0.0016
18.0	−0.5	−0.0003	28.0	+2.9	+0.0018
18.5	−0.4	−0.0003	28.5	+3.1	+0.0019
19.0	−0.3	−0.0002	29.0	+3.3	+0.0021
19.5	−0.1	−0.0001	29.5	+3.5	+0.0022
20.0	−0.0	−0.0000	30.0	+3.7	+0.0023

表 4.6　粒径计算系数 $K\left[=\sqrt{\dfrac{1800\times10^4\eta}{(G_s-G_{wT})\rho_{wT}g}}\right]$ 值表

温度 （℃）	土　粒　比　重								
	2.45	2.50	2.55	2.60	2.65	2.70	2.75	2.80	2.85
5	0.1385	0.1360	0.1339	0.1318	0.1298	0.1279	0.1261	0.1243	0.1226
6	0.1365	0.1342	0.1320	0.1299	0.1280	0.1261	0.1243	0.1225	0.1208
7	0.1344	0.1321	0.1300	0.1280	0.1260	0.1241	0.1224	0.1206	0.1189
8	0.1324	0.1302	0.1281	0.1260	0.1241	0.1223	0.1205	0.1188	0.1182
9	0.1305	0.1283	0.1262	0.1242	0.1224	0.1205	0.1187	0.1171	0.1164
10	0.1288	0.1267	0.1247	0.1227	0.1208	0.1189	0.1173	0.1156	0.1141
11	0.1270	0.1249	0.1229	0.1209	0.1190	0.1173	0.1156	0.1140	0.1124
12	0.1253	0.1232	0.212	0.1193	0.1175	0.1157	0.1140	0.1124	0.1109
13	0.1235	0.1214	0.1195	0.1175	0.1158	0.1141	0.1124	0.1109	0.1094
14	0.1221	0.1200	0.1180	0.1162	0.1149	0.1127	0.1111	0.1095	0.1080
15	0.1205	0.1884	0.1165	0.1148	0.1130	0.113	0.1096	0.1081	0.1067

续表

温度 (℃)	土　粒　比　重								
	2.45	2.50	2.55	2.60	2.65	2.70	2.75	2.80	2.85
16	0.1189	0.1169	0.1150	0.1132	0.1115	0.1098	0.1083	0.1067	0.1053
17	0.1173	0.1154	0.1135	0.1118	0.1100	0.1085	0.1069	0.1047	0.1039
18	0.1159	0.1140	0.1121	0.1103	0.1086	0.1071	0.1055	0.1040	0.1026
19	0.1145	0.1125	0.1103	0.1090	0.1073	0.1058	0.1031	0.1088	0.1014
20	0.1130	0.1111	0.1093	0.1075	0.1059	0.1043	0.1029	0.1014	0.1000
21	0.1118	0.1099	0.1081	0.1064	0.1043	0.1033	0.1018	0.1003	0.0990
22	0.1103	0.1085	0.1067	0.1050	0.1035	0.1019	0.1004	0.0990	0.09767
23	0.1091	0.1072	0.1055	0.1038	0.1023	0.1007	0.0993	0.09793	0.09659
24	0.1078	0.1061	0.1044	0.1028	0.1012	0.0997	0.09823	0.0960	0.09555
25	0.1065	0.1047	0.1031	0.1014	0.0999	0.09839	0.09701	0.09566	0.09434
26	0.1054	0.1035	0.1019	0.1003	0.09879	0.09731	0.09592	0.09455	0.09327
27	0.1041	0.1024	0.1007	0.09915	0.09767	0.09623	0.09482	0.09349	0.09225
28	0.1032	0.1014	0.09975	0.09818	0.09670	0.09529	0.09391	0.09257	0.09132
29	0.1019	0.1002	0.09859	0.09706	0.09555	0.09413	0.09279	0.09144	0.09028
30	0.1008	0.0991	0.09752	0.09597	0.09450	0.09311	0.09176	0.09050	0.08927
35	0.09565	0.09405	0.09255	0.09112	0.08968	0.08835	0.08708	0.08686	0.08468
40	0.09120	0.08968	0.8822	0.08684	0.08550	0.08424	0.08301	0.08186	0.08073

注：温度单位为℃，密度单位为 g/cm³。

2. 试样颗粒粒径按式(4.8)计算：

$$d = K \sqrt{\frac{L}{t}} \qquad (4.8)$$

式中：d——试样颗粒粒径(mm)；

$\quad K$——粒径计算系数，$K = \sqrt{\dfrac{1800 \times 10^4 \eta}{(G_s - G_{wT}) \rho_{wT} g}}$，查表 4.6；

$\quad \eta$——水的动力黏滞系数($kPa \cdot s \times 10^{-6}$)；

$\quad G_s$——土粒比重；

$\quad G_{wT}$——T℃时水的比重；

$\quad \rho_{wT}$——4℃时纯水的密度(g/cm^3)；

$\quad L$——某一时间内的土粒沉降距离(cm)；

$\quad t$——沉降时间(s)；

$\quad g$——重力加速度(cm/s^2)。

3. 制图

以小于某粒径的试样质量占试样总质量的百分比为纵坐标，以颗粒粒径为对数横坐标，在单对数坐标上绘制颗粒大小分布曲线。

必须注意的是,当试样中既有小于0.075mm的颗粒,又有大于0.075mm的颗粒,需进行密度计法和筛析法联合分析时,应考虑到小于0.075mm的试样质量占试样总质量的百分比,即应将按式(4.6)或式(4.7)所得的计算结果,再乘以小于0.075mm的试样质量占试样总质量的百分数,然后再分别绘制密度计法和筛析法所得的颗粒大小分布曲线,并将两段曲线连成一条平滑的曲线。

4.3.6 试验记录

密度计法颗粒分析试验记录见表4.7。

表4.7 颗粒分析试验记录表(密度计法)

工程名称_____ 　　　　　　　　　　试 验 者_____

工程编号_____ 　　　　　　　　　　计 算 者_____

土样编号_____ 　　　　　　　　　　校 核 者_____

土样说明_____ 　　　　　　　　　　试验日期_____

湿土质量_____ 　　　　　　　　　　密度计号_____

含 水 率_____ 　　　　　　　　　　量 筒 号_____

干土质量_____ 　　　　　　　　　　烧 瓶 号_____

土粒比重_____ 　　　　　　　　　　比重校正系数 C_G_____

弯液面校正值 n_____ 　　　　　　试验处理说明_____

小于0.075mm颗粒质量_____g,占总土质量的百分数_____%

试验时间	下沉时间 t (min)	悬液温度 T (℃)	密 度 计 读 数						土粒落距 L (cm)	粒径 d (mm)	小于某孔径的土质量百分数 (%)	小于某孔径的总土质量百分数 (%)
			密度计读数 R	温度校正值 m_T	刻度弯液面校正值 n	分散剂校正值 C_D	$R_m = R+n+m_T-C_D$	$R_H = R_m \cdot C_G$				
	1											
	2											
	5											
	30											
	60											
	120											
	1440											

4.4 实际应用

4.4.1 用于土的分类

目前进行土的分类时,除有机土外,最合理的方法通常是根据颗粒级配划分出粗粒土和细粒土两大类,然后再将粗粒土根据颗粒级配,细粒土根据稠度进一步详细分类。

在粗粒土——砂质土中,密度、渗透性、剪切强度诸性质均直接关系到颗粒级配问题,颗粒级配已成为该类土分类的决定因素。

4.4.2　测定实例

某工程土样进行颗粒分析试验，2mm 筛上土质量为 0.00g，2mm 筛下土质量为 1000.00g。先进行筛析法试验，结果见表 4.8。

表 4.8　颗粒分析试验记录（筛析法）

工程名称 ＿＿＿＿＿＿＿　　　　　　　　　　　　　　　　　试验者 ＿＿＿＿＿＿＿

土样编号 ＿zk1-3＿　　　　　　　　　　　　　　　　　　计算者 ＿＿＿＿＿＿＿

试验日期 ＿2006-6-9＿　　　　　　　　　　　　　　　　校核者 ＿＿＿＿＿＿＿

风干土质量＝ 1000.00 g　　　　小于 0.075mm 的土占总土质量百分数＝ 45.50 ％

2mm 筛上土质量＝ 0.00 g　　　小于 2mm 的土占总土质量百分数 d_x＝ 100.00 ％

2mm 筛下土质量＝ 1000.00 g　　细筛分析时所取试样质量＝ 1000.00 g

筛号	孔径 （mm）	累计留筛 土质量 （g）	小于该孔径的土 质量（g）	小于该孔径的土 质量百分数（％）	小于该孔径的总土 质量百分数（％）
6	2.000	0.000	1000.000	100.00	100.00
7	1.000	40.000	960.000	96.00	96.00
8	0.500	120.000	880.000	88.00	88.00
9	0.250	210.000	790.000	79.00	79.00
10	0.100	450.000	550.000	55.00	55.00
11	0.075	545.000	455.000	45.50	45.50

对以上编号 zk1-3 的土样小于 0.075mm 的部分进行密度计法分析，试验结果见表4.9。

表 4.9　颗粒分析试验记录（密度计法）

工程名称 ＿＿＿＿＿＿＿　　　　　　　　　　　　　　　　　试验者 ＿＿＿＿＿＿＿

土样编号 ＿zk1-3＿　　　　　　　　　　　　　　　　　　计算者 ＿＿＿＿＿＿＿

试验日期 ＿＿＿＿＿＿＿　　　　　　　　　　　　　　　　校核者 ＿＿＿＿＿＿＿

＜0.075mm 颗粒土质量百分数 ＿45.50＿ ％　　　　密度计号 ＿＿1＿＿

风干土质量 ＿33＿ g　　　　　　　　　　　　　量 筒 号 ＿＿1＿＿

风干含水率 ＿10.00＿ ％　　　　　　　　　　　烧 瓶 号 ＿＿3＿＿

干土总质量 ＿30＿ g　　　　　　　　　　　　　土粒比重 ＿2.80＿

比重校正值 ＿0.97＿　　　　　　　　　　　　　分散剂校正值 ＿2.0000＿

下沉时间 t (min)	悬液温度 T (℃)	密度计读数				土粒落距 L (cm)	粒径 d (mm)	小于某粒径的土质量百分数 (%)	小于某粒径的总土质量百分数 (%)
		密度计读数 R	温度校正值 m_T	弯液面校正值 n	分散剂校正值 C_D				
1	13.0	26.80	−1.60	−1.2	2.0	12.04	0.050	71.06	32.33
2	15.5	21.00	−1.10	−1.2	2.0	13.27	0.036	53.94	24.54
5.	19.0	13.75	−0.30	−1.2	2.0	14.80	0.023	33.11	15.06
15	24.0	8.16	1.30	−1.2	2.0	15.99	0.013	20.22	9.20
1440	22.0	3.88	0.60	−1.2	2.0	16.90	0.001	4.13	1.88

将该土的筛析法部分和密度计法部分试验结果绘制颗料级配累计曲线,如图 4.2 所示。

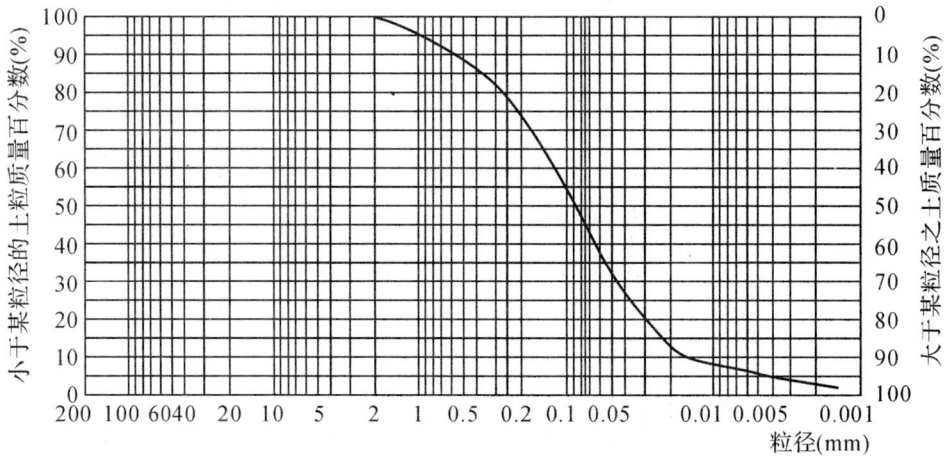

卵石或碎石	粗	中	细	粗	中	细	粉粒	黏粒
	砾			砂粒				

样号	粗粒土(>0.075mm)					土的分类	细粒土(<0.075mm)	
	>60(%)	砾(%)	砂(%)	C_u	C_c		0.076~0.006	<0.006
zk1-3	0.00	0.00	54.50	7.81	1.16	粉砂	39.71	5.80

图 4.2　颗粒级配累计曲线

根据第 1 章表 1.4 土的分类,本例粒径大于 0.075mm 的颗粒为 55%,超过总质量的 50%,所以该土样定名为粉砂。由颗粒级配累计曲线得不均匀系数 C_u＝7.81,曲率系数 C_c＝1.6,所以是级配良好的粉砂。

第 5 章　击实试验

5.1　概述

土在一定的压实效应下,如果含水率不同,则所得的密度也不相同。击实试验(compaction test)是利用标准化的锤击试验装置获得土的含水率与干密度之间的关系曲线,从而确定土的最大干密度和最优含水率的一种试验方法。

击实试验的目的就是模拟施工现场的压实条件,测定试验土在一定击实次数下的最大干密度和相应的最优含水率,为施工控制填土密度提供设计依据。施工中再结合现场土要求达到的干密度得出土的压实度,用以控制现场施工质量。

5.1.1　土的压实性

土的压实性(compactibility)是指土体在短暂不规则荷载作用下密度增加的性状。土的压实程度与含水率、压实能和压实方法有着密切的关系,当压实能和压实方法确定时,土的干密度先是随着含水率的增加而增加;但当干密度达到某一值后,含水率的增加反而使干密度减小。能使土达到最大密度时的含水率,称为最优含水率(optimum moisture content),用 w_{op} 表示,其相对应的干密度称为最大干密度(maximum dry density)用 ρ_{dmax} 表示。土的压实性的影响因素很多,包括土的含水率、土类及级配、压实能、毛细管压力以及孔隙压力等,其中前三种影响因素是最主要的。

5.1.2　土的压实度

土的压实度(degree of compaction)定义为施工现场填土压实时要求达到的干密度 ρ_d 与室内击实试验所得到的最大干密度 ρ_{dmax} 之比,用 λ_c 表示,可由式(5.1)确定:

$$\lambda_c = \frac{\rho_d}{\rho_{dmax}} \times 100\% \tag{5.1}$$

因而,最大干密度是评价土的压实度的一个重要的指标,它的大小直接决定着现场填土的压实质量是否符合施工技术规范的要求。未经压实松软土的干密度为 $1.12\sim1.33\text{g/cm}^3$,经压实后可达 $1.58\sim1.83\text{g/cm}^3$,一般填土压实后约为 $1.63\sim1.73\text{g/cm}^3$。

5.2 击实试验方法

5.2.1 击实试验方法种类

在实验室内进行击实试验,是研究土压实性的基本方法,是填土工程施工不可缺少的重要试验项目。土的击实试验分轻型击实试验和重型击实试验两类,表 5.1 列出了我国国标的击实试验方法和仪器设备的主要技术参数。具体选用应根据工程实际情况而定。我国以往采用轻型击实试验比较多,水库堤防、铁路路基填土均采用轻型击实,而高等级公路填土和机场跑道等一般要采用重型击实。

表 5.1 击实试验方法种类规格表

试验方法	锤底直径(mm)	锤质量(kg)	落高(mm)	击实筒尺寸			护筒高度(mm)	层数	每层击数	锤击能(kJ/m³)	最大粒径(mm)
				内径(mm)	筒高(mm)	容积(cm³)					
轻型	51	2.5	305	102	116	947.4	≥50	3	25	592.2	5
重型	51	4.5	457	152	116	2103.9	≥50	5	56	2684.9	40

5.2.2 仪器设备

目前我国室内击实试验仪有手动操作与电动自动操作两类,其所用的主要仪器设备有:

1. 击实仪:包括击实筒、击锤及导筒等。如图 5.1 和图 5.2 所示。其击实筒、击锤和护筒等主要部件的尺寸规定见表 5.1。

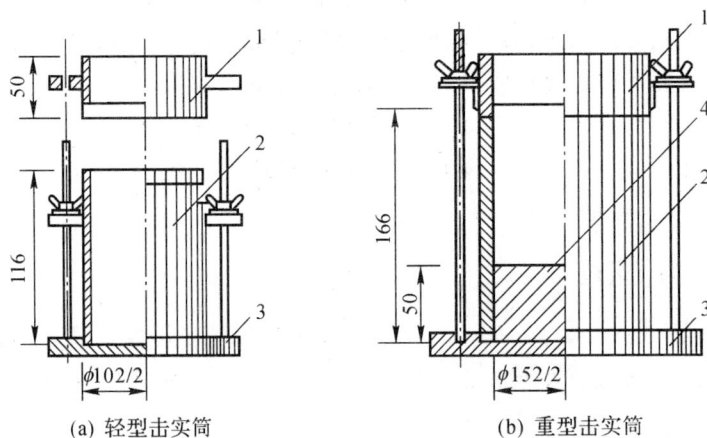

(a) 轻型击实筒　　　　(b) 重型击实筒

图 5.1 击实筒(单位:mm)

1—护筒;2—击实筒;3—底板;4—垫块

2. 天平:称量 200g,分度值 0.01g。

3. 台秤:称量 10kg,分度值 5g。

4. 标准筛:孔径为 20mm、40mm 和 5mm 标准筛。

5. 试样推出器:宜用螺旋式千斤顶或液压式千斤顶,如无此类装置,也可用刮刀和修土

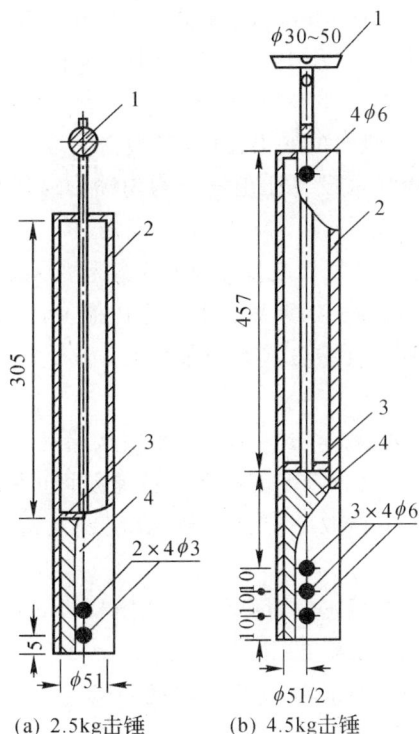

(a) 2.5kg击锤   (b) 4.5kg击锤

图 5.2 击锤与导筒(单位:mm)

1—提手;2—导筒;3—硬橡皮垫;4—击锤

刀从击实筒中取出试样。

6.其他:烘箱,喷水设备,碾土设备,盛土器,修土刀和保湿设备等。

5.2.3 操作步骤

1.试样制备

试样制备分为干法制备和湿法制备,根据工程要求选用轻、重型试验方法,根据试验土的性质选用干、湿法制备。

(1)干法制备。取一定量的代表性风干土样(轻型约为 20kg,重型约为 50kg),放在橡皮板上用木碾碾散(也可用碾土器碾散),并分别按下列方法备样。

1) 轻型击实试验过 5mm 筛,将筛下的土样拌匀,并测定土样的风干含水率。根据土的塑限预估最优含水率,按依次相差约 2%的含水率制备一组(不少于 5 个)试样,其中应有 2 个含水率大于塑限、2 个含水率小于塑限、1 个含水率接近于塑限。并按式(5.2)计算应加水量。

$$m_w = \frac{m}{1+0.01w_0} \times 0.01(w-w_0) \tag{5.2}$$

式中:m_w——土样所需加水质量(g);

m——风干含水率时的土样质量(g);

w_0——风干含水率(%);

w——土样所要求的含水率(%)。

2) 重型击实试验过 20mm 或 40mm 筛,将筛下土样拌匀并测定土样的风干含水率。按依次相差约 2% 的含水率制备一组(不少于 5 个)试样,其中至少有 3 个含水率小于塑限的试样。然后按式(5.2)计算加水量。

3) 将一定量土样平铺于不吸水的盛土盘内(轻型击实取土样约 2.5kg。重型击实取土样约 5.0kg),按预定含水率用喷水设备往土样上均匀喷洒所需加水量,拌匀并装入塑料袋内或密封于盛土器内静置 24h 备用。

(2)湿法制备。取天然含水率的代表性土样(轻型为 20kg,重型为 50kg)碾散,按重型击实和轻型击实的要求过筛,将筛下的天然含水率土样拌匀,分别风干或加水到所要求的不同含水率。制备试样时必须使土样中含水率分布均匀。

2. 试样击实

(1)将击实仪放在坚实的地面上,击实筒内壁和底板涂一薄层润滑油,连接好击实筒与底板,安装好护筒。检查仪器各部件及配套设备的性能是否正常,并做好记录。

(2)从制备好的一份试样中称取一定量土料,分层倒入击实筒内并将土面整平,分层击实。

1) 对于轻型击实试验,分 3 层击实,每层土料的质量为 600~800g(其量应使击实后试样的高度略高于击实筒的 1/3),每层 25 击;

2) 对于重型击实试验,分 5 层击实,每层土料的质量宜为 900~1100g(其量应使击实后的试样高度略高于击实筒的 1/5),每层 56 击。

击实后的每层试样高度应大致相等,两层交接面的土面应刨毛。击实完成后,超出击实筒顶的试样高度(即余土高度)应小于 6mm。

(3)用修土刀沿护筒内壁削挖后,扭动并取下护筒,测出超高(应取多个测值平均,准确至 0.1mm)。沿击实筒顶部细心修平试样,拆除底板。如试样底面超出筒外,亦应修平。擦净筒外壁,称筒与试样的总质量,准确至 1g,并计算试样的湿密度。

(4)用推土器从击实筒内推出试样,从试样中心处取 2 个一定量土料(轻型为 15~30g,重型为 50~100g)平行测定土的含水率,称量准确至 0.01g,含水率的平行误差不得超过 1%。

(5)重复上述步骤,对其余不同含水率的试样依次击实测定。

5.2.4 成果整理

1. 计算

(1)按式(5.3)计算击实后各试样的含水率:

$$w = \left[\frac{m}{m_d} - 1 \right] \times 100 \tag{5.3}$$

式中:w——含水率(%);

m——湿土质量(g);

m_d——干土质量(g)。

(2)按式(5.4)计算击实后各试样的干密度:

$$\rho_d = \frac{\rho}{1 + 0.01w} \tag{5.4}$$

式中：ρ_d——干密度(g/cm³)；

　　ρ——湿密度(g/cm³)；

　　w——含水率(％)。

密度计算至 0.01g/cm³。

(3)按式(5.5)计算土的饱和含水率：

$$w_{sat}=\left[\frac{\rho_w}{\rho_d}-\frac{1}{G_s}\right]\times100 \qquad (5.5)$$

式中：w_{sat}——饱和含水率(％)；

　　G_s——土粒比重；

　　ρ_d——土的干密度(g/cm³)；

　　ρ_w——水的密度(g/cm³)。

2. 制图

(1)以干密度为纵坐标,含水率为横坐标,绘制干密度与含水率的关系曲线图。曲线上峰值点的纵、横坐标分别代表土的最大干密度和最优含水率,如图 5.3 所示,如果曲线不能给出峰值点,应进行补点试验或重做试验。击实试验一般不宜重复使用土样,以免影响准确性(重复使用土样会使最大干密度偏高)。

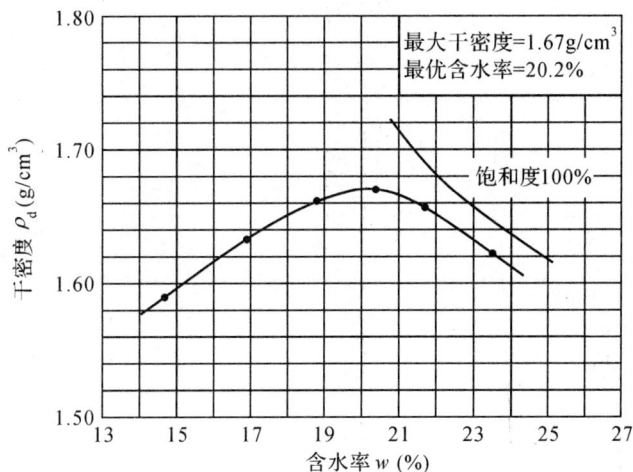

图 5.3　ρ_d-w 关系曲线

(2)按式(5.5)计算数个干密度下土的饱和含水率。在图 5.3 上绘制饱和曲线(saturation curve)。

3. 校正

轻型击实试验中,当粒径大于 5mm 的颗粒含量小于等于 30％时,应对最大干密度和最优含水率进行校正。

(1)按式(5.6)计算校正后的最大干密度：

$$\rho_{dmax}'=\frac{1}{\dfrac{1-P}{\rho_{dmax}}+\dfrac{P}{G_{s2}\rho_w}} \qquad (5.6)$$

式中：ρ_{dmax}'——校正后的最大干密度(g/cm³)；

ρ_{dmax}——击实试验的最大干密度（g/cm³）；

ρ_w——水的密度（g/cm³）；

P——粒径大于 5mm 颗粒的含量（用小数表示）；

G_{s2}——粒径大于 5mm 颗粒的干比重。指当土粒呈饱和面干状态时的土粒总质量与相当于土粒总体积的纯水 4℃时质量的比值。

计算至 0.01g/cm³。

（2）按式（5.7）计算校正后的最优含水率：

$$w_{op}' = w_{op}(1-P) + Pw_2 \qquad (5.7)$$

式中：w_{op}'——校正后的最优含水率（%）；

w_{op}——击实试验的最优含水率（%）；

w_2——粒径大于 5mm 颗粒的吸着含水率（%）；

P——粒径大于 5mm 颗粒的含量（用小数表示）。

计算至 0.01%。

5.2.5　试验记录

表 5.2　击实试验记录表

工程名称＿＿＿＿＿＿＿＿　　　　　　　　　　　　　　　　　试验者＿＿＿＿＿＿＿＿

土样编号＿＿＿＿＿＿＿＿　　　　　　　　　　　　　　　　　计算者＿＿＿＿＿＿＿＿

试验日期＿＿＿＿＿＿＿＿　　　　　　　　　　　　　　　　　校核者＿＿＿＿＿＿＿＿

土粒比重＿＿＿＿＿＿＿＿　　　　　土样说明＿＿＿＿＿＿＿＿　　　试验仪器＿＿＿＿＿＿＿＿

土样类别＿＿＿＿＿＿＿＿　　　　　每层击数＿＿＿＿＿＿＿＿

风干含水率＿＿＿＿＿＿＿＿%　　　估计最优含水率＿＿＿＿＿＿＿＿%

	试验点号	1	2	3	4	5	6	7
干密度	筒湿土质量(g)							
	筒质量(g)							
	湿土质量(g)							
	筒体积(cm³)							
	湿密度(g/cm³)							
	干密度(g/cm³)							
含水率	盒　号							
	盒加湿土质量(g)							
	盒加干土质量(g)							
	盒质量(g)							
	水质量(g)							
	干土质量(g)							
	含水率(%)							
	平均含水率(%)							

5.2.6　注意事项

（1）击实仪、天平和其他计量器具应按有关检定规程进行检定。

（2）击实筒应放在坚硬的地面上（如混凝土地面），击实筒内壁和底板均需涂一薄层润滑油（如凡士林）。

（3）击实仪的击锤应配导筒，击锤与导筒间应有足够的间隙使锤能自由下落。电动操作的击锤在试验前、后应对仪器的性能（特别对落距跟踪装置）进行检查并作记录。

（4）击实一层后，用刮土刀把土样表面刮毛，使层与层之间压密。应控制击实筒余土高度小于 6mm，否则试验无效。

（5）检查击实试验曲线是否在饱和曲线左侧，且击实曲线的右边部分是否与饱和曲线接近平行。

（6）使用电动击实仪，须注意安全。打开仪器电源后，手不能接触击实锤。

5.3　实际应用

5.3.1　几种代表性土的击实试验结果

1. 高塑性黏土

试验用土取自福建泉州至厦门高速公路 K10+514～K13+000 标段，土体呈灰褐色，天然含水率在 20%～30%，黏粒含量为 55.3%，液限 $W_L=59.9$，塑性指数 $I_P=29.0$。采用湿法制样轻型击实试验，试验结果见表 5.3，$\rho_d\text{-}w$ 关系曲线见图 5.4，经曲线拟合后得到最优含水率 $w_{op}=23.7\%$，最大干密度 $\rho_{dmax}=1.559\text{g/cm}^3$。由于液限和塑性指数远超过《公路路基设计规范》JTJ033—95 用土指标 $W_L<40$、$I_P<18$ 的规定，施工中采用 6% 剂量的石灰改良黏土，通过对含水率、压实度和饱和度进行联合控制，使路基在最佳状态下成型。

表 5.3　高塑性黏土轻型击实试验结果

试验序号	1	2	3	4	5	6
$w(\%)$	18.4	21.7	23.2	25.9	28.6	29.6
$\rho_d(\text{g/cm}^3)$	1.446	1.503	1.553	1.529	1.482	1.451

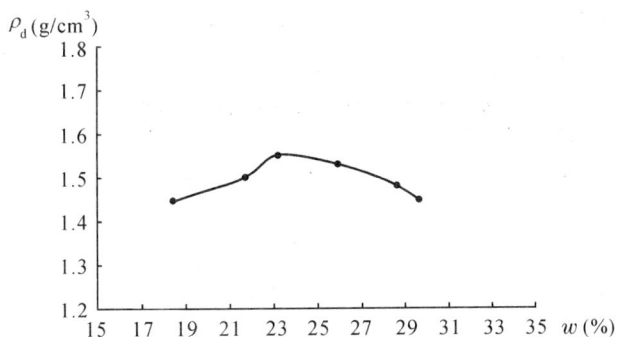

图 5.4　高塑性黏土 $\rho_d\text{-}w$ 关系曲线图

2. 红黏土

试验用土取自浙江安吉天荒坪抽水蓄能电站的上水库坝体填筑土料，坝体利用天然沟源洼地挖填而成，采用就地取材，填筑土体呈橙红色，基本属于构造残积土，系由流纹质角砾灰岩、层凝灰岩及辉石安山岩三种母岩在湿热条件下风化而成的强风化黏土。由于风化程度不一,所含矿物尚未全部达到土壤状态,含有较多的三氧化二铁,胶体化差,含水性强,不易重塑压实。土料天然含水率偏高,约为 $30\%\sim40\%$,饱和度为 $83\%\sim93\%$,干密度为 $1.18\sim1.37\mathrm{kg/m^3}$,孔隙比为 $1.1\sim1.4$,黏粒含量为 $24\%\sim40.5\%$。采用室内轻型击实试验,试验结果见表 5.4,$\rho_\mathrm{d}\text{-}w$ 关系曲线见图 5.5,经曲线拟合后得到最优含水率 $w_\mathrm{op}=21.4\%$,最大干密度 $\rho_\mathrm{dmax}=1.650\mathrm{g/cm^3}$。

表 5.4　红土轻型击实试验结果

试验序号	1	2	3	4	5
$w(\%)$	15.0	17.6	20.4	23.7	25.5
$\rho_\mathrm{d}(\mathrm{g/cm^3})$	1.528	1.577	1.643	1.621	1.566

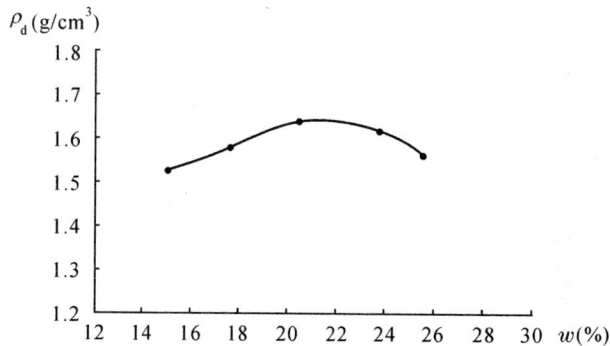

图 5.5　红黏土 $\rho_\mathrm{d}\text{-}w$ 关系曲线图

3. 粉质黏土

试验用土取自上海轨道交通线莘庄地面段线路的路基土,除去面层有机土,第二层为粉质黏土(厚约 2m),按照《铁路路基设计规范》TB10001—99 的填料标准划分为较差的 C 类土。土体呈黄褐色,黏粒含量较高,塑性指数 $I_\mathrm{P}=12.5$,稳定性差,矿物成份吸水能力强。分别采用了室内重型、轻型击实试验,试验结果见表 5.5,$\rho_\mathrm{d}\text{-}w$ 关系曲线见图 5.6,经曲线拟合后得到重型试验的最优含水率 $w_\mathrm{op}=17.4\%$,最大干密度 $\rho_\mathrm{dmax}=1.766\mathrm{g/cm^3}$;轻型试验的最优含水率 $w_\mathrm{op}=17.6\%$,最大干密度 $\rho_\mathrm{dmax}=1.549\mathrm{g/cm^3}$。

表 5.5　粉质黏土重型击实试验结果

试验序号	1	2	3	4	5
含水率 $w(\%)$	14.7	16.5	17.9	18.6	19.9
重型干密度 $\rho_\mathrm{d}(\mathrm{g/cm^3})$	1.62	1.703	1.744	1.662	1.538
轻型干密度 $\rho_\mathrm{d}(\mathrm{g/cm^3})$	1.443	1.465	1.548	1.496	1.427

从上面三种土的试验结果中可以看出:

(1)黏性土击实试验曲线形态相似,干密度值都有峰值点出现。

(2)最大干密度越大的土,其最优含水率越小;反之,最大干密度小的土,其最优含水率较大。

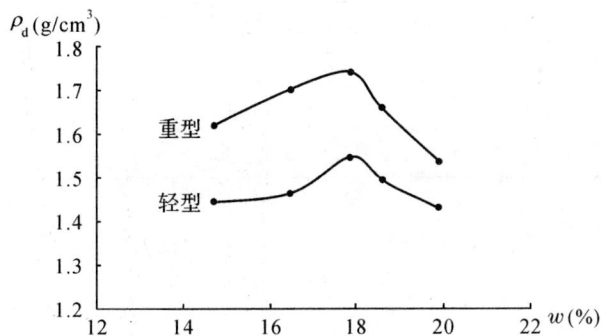

图 5.6 粉质黏土 ρ_d-w 关系曲线图

(3)重型击实试验测得土的最大干密度比轻型击实试验的要高,而最优含水率变化不大。

4. 粉土

试验用土取自河南三门峡至灵宝高速公路 K159+067~K163+000 标段。土体呈黄灰色,属粉质土组中的含砂低液限粉土,土的天然干密度为 1.25~1.45g/cm³,天然含水率为 3%~7%。土中 0.075~0.002mm 的粉粒含量在 62.1%,黏粒含量 7.14%,$I_P=8.9$,且不均匀系数 21.67。采用重型击实试验,试验结果见表 5.6,ρ_d-w 关系曲线见图 5.7,经曲线拟合后得到最优含水率 $w_{op}=11.9\%$,最大干密度 $\rho_{dmax}=1.806g/cm^3$。

从图 5.7 可以看出,粉土与黏性土相比,其最优含水率明显降低,最大干密度明显增大,且含水率变化范围变窄。

表 5.6 粉土重型击实试验结果

试验序号	1	2	3	4	5	6
$w(\%)$	7.4	8.8	10.0	12.2	15.2	17.2
$\rho_d(g/cm^3)$	1.646	1.667	1.746	1.804	1.789	1.752

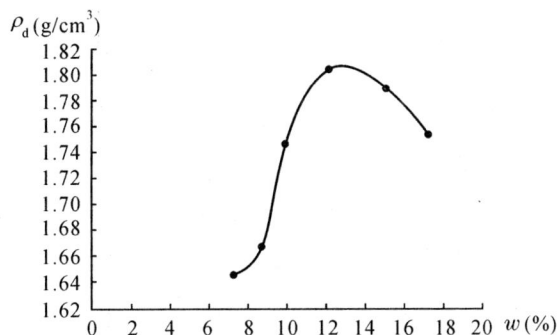

图 5.7 粉土 ρ_d-w 关系曲线图

5. 砂土(无黏性土)

试验用土取自北京永定河滞洪工程马厂水库中堤第 19 标段。土质为细砂土,筛分结果见表 5.7。

表 5.7 筛析法颗粒分析(砂土总重 500g)

筛孔直径(mm)	2	1	0.5	0.25	0.1	0.075	<0.075
留筛土重(g)	0.1	1.7	24.0	192.3	187.7	52	41.5
占全部土重(%)	0.02	0.34	4.81	38.51	37.60	10.41	8:31

采用室内重型击实试验,结果见表 5.8,ρ_d-w 关系曲线见图 5.8。

表 5.8 重型击实试验结果

试验序号	1	2	3	4	5	6	7
$w(\%)$	2.24	5.27	8.02	9.70	11.02	12.31	14.06
$\rho_d(g/cm^3)$	1.651	1.645	1.647	1.656	1.657	1.663	1.678

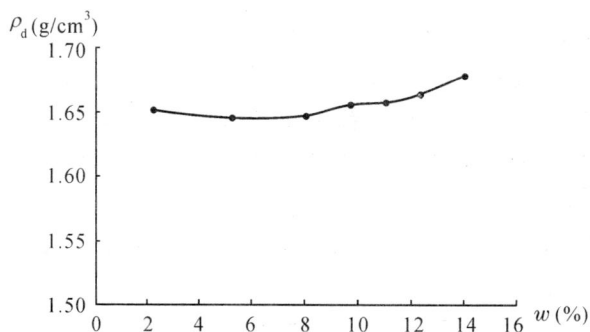

图 5.8 砂土的 ρ_d-w 关系曲线图

从图 5.8 可知,细粒砂土的击实曲线与黏性土有很大差异。由于击实过程中一部分能量消耗在克服假黏聚力上,所以出现了最低的干密度。细粒砂土的压实性虽然与含水率有关,但没有峰值点反映在击实曲线上,也就不存在最优含水率问题,最优含水率的概念一般不适用于无黏性土。

5.3.2 试验成果的应用

在土木工程施工中,经常会遇到填土或松软土层。如路提、土坝、墩台、挡土墙后的填土、埋设的管道或基础的垫层和回填土、人工填筑的地基等。土体经过开挖、搬运及堆筑后,原有结构遭到破坏,土体中必然留下很多孔隙而变得松软,含水率也发生变化。而对于某些原本松软的地基土,由于其强度低、变形大,直接在其上修建建筑物,不能满足地基承载力、变形的设计要求。这些土如果不经人工压实,其均匀性差、抗剪强度低、压缩性大、渗透性强、水稳定性差,遇水易发生陷坍、崩解等现象。为了改善这些土的工程性质,需要采用压实的方法使土变得密实。

土的压实质量判断标准是压实度 λ_c,为此需要利用室内击实试验的成果。即在松软土和填土压实施工前,在现场选取有代表性的填料进行室内标准击实试验,测定其最大干密度和最优含水率,根据相关工程国家所规定的压实度 λ_0,提出现场土压实后的压实度 λ_c,以此作为设计、质量标准的依据,并用来指导填筑施工。

试验提供的最大干密度和最优含水率是否可靠的一个重要前提,就是室内击实试验成果的准确性。因此试验时应充分考虑击实类型和标准、土样的制备方法、润滑剂的使用、击实能的大小、余土高度、平行试验次数及试验数据的处理等因素,确保试验成果准确无误。关于这些方面的影响请参考有关书籍。对高含水率黏质土,已有权威单位分别按干法与湿法备样进行过大量的对比试验,试验显示:干法制备求得的最大干密度比湿法的偏大,所以高含水率的黏质土采用湿法试验比较符合实际。

施工中土的压实度受填筑土料的土类、掺和料、含水率、松铺厚度、压实类型及方式等因素影响。根据工程性质及填土的受力状况,施工所要求的压实度是不一样的。我国在《建筑地基基础设计规范》GB 50007—2002、《建筑地基处理技术规范》JGJ 79—2002、《地铁设计规范》GB 50157—2003 和《公路路面基层施工技术规范》JTJ 034—2000 等中都有明确的规定。一般要求 $\lambda_c > \lambda_0$(设计要求的压实度),设计要求的压实度越接近于 1,表明对压实质量的要求越高。

施工现场用黏性土和黏粒含量 $\rho_c \geqslant 10\%$ 的粉土作填料时,填料的含水率至关重要。填料的含水率太大,容易压成"橡皮土",应将其适当晾干或适当添加石灰、煤粉灰(即灰土及二灰土)后再分层夯实,并控制好填土厚度;相反,填料的含水率太小,其土颗粒之间的阻力大,也不易压实。当填料含水率小于 12% 时,应将其适当洒水增湿、保湿后再压实。粗颗粒的砂、石等材料具有透水性,而湿陷性黄土和膨胀性土遇水敏感,为此在湿陷性黄土和膨胀性土场地进行压实填土施工时,不得使用粗颗粒的透水性材料作填料。

现场施工中,无论是在压实能、压实方法还是在土的变形条件方面,与室内击实试验都存在着一定差异。因而,室内击实试验用来模拟工地压实仅是一种半经验的方法,要使填土压实的现场施工确保质量,达到设计要求的压实度,还应该进行现场检验。

土料压实后,压实效果的判断方法一般为:以细颗粒黏性土作填料的压实填土,一般采用环刀取样检验其质量,而以无黏性土、粗颗粒砂石作填料的压实填土,当室内试验结果不能正确评价现场土料的最大干密度时,应在现场对土料作不同击实能下的压实试验测定其密度。即根据土料的性质取不同含水率,采用灌砂(水)法、湿度密度仪法或核子密度仪法等测定其密度并按其最大干密度作为质量控制标准。

压实填土的承载力是设计的重要参数,也是检验压实填土质量的主要标准之一。在现场可采用静载荷试验、标贯或其他原位测试,其结果较准确,可信度较高。

第 6 章 渗透试验

<hr/>

6.1 概 述

渗透试验(permeability test)的目的是测定土的渗透性。渗透试验可分为常水头渗透试验和变水头渗透试验两种方法,由于土的渗透系数变化范围很大,可从 10^{-1} cm/s 变化到 10^{-8} cm/s,因此,土的渗透系数的测定应根据不同的土质情况采用不同的试验方法。

6.1.1 土的渗透性

土的渗透性(permeability)是土中自由水流动的难易程度,是土的重要性质之一。不同类型的土,孔隙大小不同,渗透性能也不同。土的渗透性直接关系到各种工程问题,例如基坑开挖排水、路基排水等。因而,土的渗透试验是土力学试验中的重要项目之一。

土的渗透性与土的变形、强度有着密切的关系,影响土的渗透性的因素主要有以下几种:

1.土的粒度成分

土的颗粒大小、颗粒形状及级配情况,影响土中孔隙大小及形状,因而影响土的渗透性。土的粒径越大、磨圆度越好、颗粒越均匀,渗透性就越大。

2.土的矿物成分

不同类型的矿物对土的透水性的影响是不同的。土的矿物成分对黏性土的渗透性影响较大,而对卵石、砂土和粉土的渗透性影响不大。黏性土中含有亲水性较强的黏土矿物(如蒙脱石等)或有机质时,就大大降低土的渗透性。一般情况下,随土中亲水性强的黏土矿物增多,土的透水性降低。

3.结合水膜的厚度

当土粒的结合水膜厚度较厚时,会阻塞土的孔隙,从而降低土的渗透性。又若在黏土中加入高价离子的电解质时,会使土粒扩散层厚度减薄,黏土颗粒会凝聚成粒团,土的孔隙因而增大,这也将使土的渗透性增大。

4.土的结构构造

天然土层通常是各向异性的,土的渗透性也常表现出各向异性的特征。如黄土具有垂直节理,因而铅直方向的透水性要比水平方向强。具有网状裂隙的黏土,可能接近于砂土的透水性。

5. 水溶液的成分及浓度

水溶液的成分及浓度对细粒土的透水性有影响。一般情况下,细粒土的透水性随着溶液中阳离子价数和水溶液浓度的增加而增大。

6. 土中的气体

当土中有吸附、密闭和游离气体的存在时,都会阻塞水的渗透,从而降低土的透水性。吸附气体减小土的有效孔隙,密闭气体占据了一部分孔隙,游离气体增大水的黏滞性,都能使土的透水性降低。

6.1.2　达西定律

1852—1855 年,法国工程师达西通过砂质土壤渗流实验得出:渗透流量 q 与圆管面积 A 和水力坡度 i 成正比,并与土的渗透系数 k 有关,即

$$q = kAi \qquad (6.1)$$

$$v = \frac{q}{A} = ki \qquad (6.2)$$

公式(6.1)和(6.2)表明:渗流的水头损失与渗流流速一次方成正比,故达西定律也称为渗流线性定律。

渗透系数(coefficient of permeability)是指单位水力坡度下的渗透流速,单位为 cm/s。它综合反映了岩土和液体对透水性能的影响。在实验室中可利用图 6.1 所示装置加以测量。

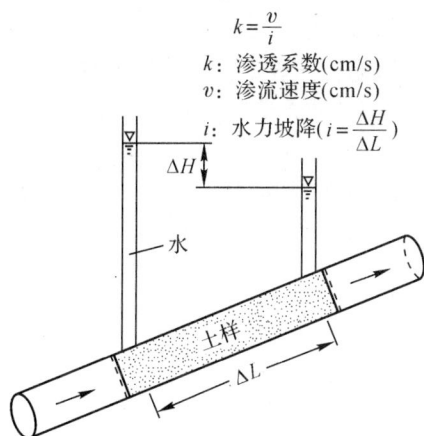

$$k = \frac{v}{i}$$

k:渗透系数(cm/s)

v:渗流速度(cm/s)

i:水力坡降($i = \frac{\Delta H}{\Delta L}$)

图 6-1　渗透系数概念图

由于达西定律只适用于层流的情况,故达西定律一般只适用于中砂、细砂、粉砂等。黏土中的渗流规律也不完全符合达西定律,需进行修正。

由于黏土颗粒周围存在着结合水,结合水因受到分子引力而呈现黏滞性,因此黏土中自由水只有克服结合水的抗剪强度后才能开始渗流。克服此抗剪强度所需要的水头梯度,称为黏土的起始水头梯度 i_0,因此,在黏土中,应按下述修正后的达西定律计算渗流速度:

$$v = k(i - i_0) \qquad (6.3)$$

6.1.3 渗透变形问题

渗透水流作用于岩土上的力,称为渗透力(seepage force)。当此力达到一定值时,岩土中一些颗粒甚至整体会发生移动而被渗流带走,从而引起岩土的结构变松,强度降低,甚至整体发生破坏。这种工程动力地质作用或现象,称为渗透变形或渗透破坏。

在自然界中,渗透变形一般发生在无黏性土和粉土中。渗透变形一般可以划分为潜蚀(管涌)和流土(流砂)。

在渗流作用下单个土颗粒发生独立移动的现象,称潜蚀或管涌。人们习惯将工程活动中发生的潜蚀称为管涌。管涌较普遍地发生在不均匀的砂层或砂卵(砾)石层中。

在渗流作用下一定体积的土体同时发生移动的现象,称为流土或流砂。流砂一般发生在均质砂土层或粉土中。流砂的危害性较管涌大,它可使土体完全丧失强度。

管涌和流砂是可以相互转化的,管涌的发展、演化,往往可以转化为流砂。

实验资料证实:

当细颗粒含量>35%、C_u<10 时,主要形式是流土;

当细颗粒含量<25%、C_u>20 时,主要形式是管涌;

当细颗粒含量在 25%~35%、C_u 值在 10~20 时,流土和管涌均有可能发生。

6.2 常水头渗透试验

常水头渗透试验(constant head test)是使水流在一定的水头差 H 的作用下通过土样,通过测定土样在一定时间内的渗流量来确定土的渗透系数。

常水头渗透试验适用于粗粒土(砂质土)。

6.2.1 仪器设备

1.常水头渗透仪,如图 6.2 所示,其中封底圆筒高 40cm、内径 10cm、金属孔板距筒底 5~10cm。

2.其他:木锤、橡皮管、秒表、天平等。

6.2.2 操作步骤

1.将仪器按图装置好后,将调节管与供水管连通,使水流入仪器底部,直至与网格顶面齐为止,然后关夹管。

2.称取具有代表性土样 3~4kg,称量准确至 1.0g,并测其风干含水量。将风干土样分层装到金属圆筒的网格上,每层厚 2~3cm,用击棒轻轻捣实到一定厚度,以控制孔隙比。

试验时,若砂样中黏土颗粒较多,装试样前应在网格上加铺厚约 2cm 的粗砂,作为缓冲层,以防细颗粒被水冲走。

3.每层试样装好后,从渗水孔向圆筒充水至试样顶面,使试样逐渐饱和。饱和时水流须缓慢,以免冲动土样。待试样饱和后,关上管夹。

4.如此分层装入试样并饱和,直至试样表面较上测压孔高出 3~4cm 为止,同时检查三根测压管的水头是否水平。量测试样面至筒顶的剩余调度,并与网格至筒顶的高度相减,可

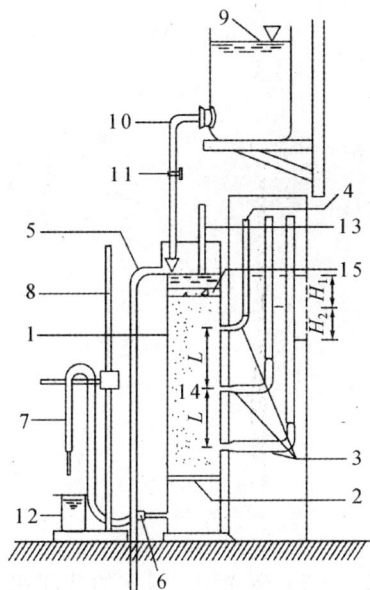

图 6.2 70 型渗透仪

1—试样筒；2—金属孔板；3—测压孔；4—玻璃测压管；5—溢水孔；6—渗水孔；7—调节管；8—滑动支架；9—容量为 5000mL 的供水管；10—供水管；11—止水夹；12—容量为 500mL 的量筒；13—温度计；14—试样；15—砾石层

得试样高度 h。称剩余试样的质量，准确至 0.1g。计算所装试样总质量，并在试样上部填厚约 2cm 的砾石层，放水至水面高出砾石面 2~3cm 时关上管夹。

5. 将供水管与调节管分开，将供水管置入内，开启止水夹，使水由圆管上部注入，至水面与溢水孔齐平为止。

6. 静置数分钟，检查测压管水头是否齐平，如不齐平，说明仪器有集气或漏气现象，需挤压测压管上的橡皮管，或用吸球在测压管上部将集气吸出，调至水位平为止。

7. 测压管及管路校正无误后，即可开始进行试验。降低调节管的管口位置，水即渗入试样，经调节管流出，此时调节止水夹，使进入筒内的水量多于渗出水量，溢流孔始终有余水流出，以保持筒中水面不变。

8. 当测压管水头稳定后，测定测压管水头，并计算水头差。

9. 开动秒表，同时用量筒接取一定时间的渗透水量，并重复一次，接水时，调节管出水口不浸入水中。

10. 测记进水与出水处的水温，取其平均值。

11. 降低调节管管口至试样中部及下部 $\frac{1}{3}$ 高度处，以改变水力坡度。重复步骤 7~10，进行试验。

6.2.3 成果整理

1. 计算试样的干密度及孔隙比：

$$m_d = \frac{m}{1 + 0.01w} \qquad (6.4)$$

$$\rho = \frac{m_d}{Ah} \tag{6.5}$$

$$e = \frac{G_s \rho_w}{\rho_d} - 1 \tag{6.6}$$

式中：m_d——试样干重量(g)；

m——风干试样总质量(g)；

w——风干含水率(%)；

ρ_d——试样干密度(g/cm³)；

ρ_w——水密度(g/cm³)；

h——试样高度(cm)；

A——试样断面积(cm²)；

e——试样孔隙比；

G_s——土粒比重。

2. 计算常水头渗透系数：

常水头渗透试验在圆柱形试验筒内装置土样，土的截面积为 A，在整个试验过程中土样的压力水头维持不变，因此可得

$$Q = qdt = kiAdt$$

由此得土的渗透系数的计算公式为

$$k_T = \frac{QL}{AHt} \tag{6.7}$$

式中：k_T——水温为 $T℃$时试样的渗透系数(cm/s)；

Q——时间 t 秒内的渗透水量(cm³)；

L——两侧压孔中心间的试样长度(10cm)；

A——试样断面积(cm²)；

H——平均水头差$(\frac{H_1 + H_2}{2})$(cm)；

t——时间(s)。

3. 标准温度下的渗透系数：

$$k_{20} = k_T \frac{\eta_T}{\eta_{20}} \tag{6.8}$$

式中：k_{20}——标准水温为 20℃时试样的渗透系数(cm/s)；

k_T——水温为 $T℃$时试样的渗透系数(cm/s)；

η_T——$T℃$时水的动力黏滞系数(kPa·s)；

η_{20}——20℃时水的动力黏滞系数(kPa·s)，见表 6.1。

4. 在计算所得到的渗透系数中，取 3～4 个在允许差值范围内的数据，并求其平均值，作为试样在该孔隙比 e 下的渗透系数，渗透系数的允许差值不大于 2×10^{-n}cm/s。

5. 整理绘图

可在半对数坐标纸上以孔隙比为纵坐标，渗透系数为横坐标的 e-k 关系曲线。

表 6.1　水的动力黏滞系数、黏滞系数比、温度校正值

温度 (℃)	动力黏滞系数 η (kPa·s×10^{-6})	η_T/η_{20}	温度校正值 T_p	温度 (℃)	动力黏滞系数 η (kPa·s×10^{-6})	η_T/η_{20}	温度校正值 T_p
5.0	1.516	1.501	1.17	17.5	1.074	1.066	1.66
5.5	1.498	1.478	1.19	18.0	1.061	1.050	1.68
6.0	1.470	1.455	1.21	18.5	1.048	1.038	1.70
6.5	1.449	1.435	1.23	19.0	1.035	1.025	1.72
7.0	1.428	1.414	1.25	19.5	1.022	1.012	1.74
7.5	1.407	1.393	1.27	20.0	1.010	1.000	1.76
8.0	1.387	1.373	1.28	20.5	0.998	0.988	1.78
8.5	1.367	1.353	1.30	21.0	0.986	0.976	1.80
9.0	1.347	1.334	1.32	21.5	0.974	0.964	1.83
9.5	1.328	1.315	1.34	22.0	0.968	0.958	1.85
10.0	1.310	1.297	1.36	22.5	0.952	0.943	1.87
10.5	1.292	1.279	1.38	23.0	0.941	0.932	1.89
11.0	1.274	1.261	1.40	24.0	0.919	0.910	1.94
11.5	1.256	1.243	1.42	25.0	0.899	0.890	1.98
12.0	1.239	1.227	1.44	26.0	0.879	0.870	2.03
12.5	1.223	1.211	1.46	27.0	0.859	0.850	2.07
13.0	1.206	1.194	1.48	28.0	0.841	0.833	2.12
13.5	1.188	1.176	1.50	29.0	0.823	0.815	2.16
14.0	1.175	1.168	1.52	30.0	0.806	0.798	2.21
14.5	1.160	1.148	1.54	31.0	0.789	0.781	2.25
15.0	1.144	1.133	1.56	32.0	0.773	0.765	2.30
15.5	1.130	1.119	1.58	33.0	0.757	0.750	2.34
16.0	1.115	1.104	1.60	34.0	0.742	0.735	2.39
16.5	1.101	1.090	1.62	35.0	0.727	0.720	2.43
17.0	1.088	1.077	1.64				

6.2.4　试验记录

常水头渗透试验记录见表 6.2。

表 6.2　常水头渗透试验

工程名称＿＿＿＿＿　　试样高度＿＿＿＿＿　　干土重＿＿＿＿＿　　试验者＿＿＿＿＿

土样名称＿＿＿＿＿　　试样面积＿＿＿＿＿　　土粒比重＿＿＿＿＿　　计算者＿＿＿＿＿

土样说明＿＿＿＿＿　　测压孔间距＿＿＿＿＿　　孔隙比＿＿＿＿＿　　试验日期＿＿＿＿＿

试验次数	经过时间(s)	测压管水位(cm)			水位差(cm)			水力坡降	渗出水量 Q (cm³)	渗透系数 k_T (cm/s)	平均水温 (℃)	校正系数 $\dfrac{\eta_T}{\eta_{20}}$	渗透系数 k_{20} (cm/s)	平均渗透系数 k_{20} (cm/s)	备注
		I管	II管	III管	H_1	H_2	平均 H								
(1)	(2)	(3)	(4)	(5)	(6)	(7)	(8)	(9)	(10)	(11)	(12)	(13)	(14)		
					(2)−(3)	(3)−(4)	$\dfrac{(5)+(6)}{2}$	$\dfrac{(7)}{L}$		$\dfrac{(9)}{A(1)(8)}$			(10)×(12)		

6.3　变水头渗透试验

变水头渗透试验(falling head test)是通过土样的渗流在变化的水头压力下,通过测定一定时间的渗透量来确定土的渗透系数。

变水头渗透试验主要适用于细粒土(黏质土和粉土)。

6.3.1　仪器设备

1.变水头渗透装置(见图 6.3):由渗透容器、变水头管、供水管、进水管等组成。

2.渗透容器:由环刀、透水石、套环、上盖和下盖组成,环刀内径 61.8mm、高 40mm,透水石的渗透系数应大于 $10\text{cm}^{-3}/\text{s}$。

3.变水头装置:由变水头管、供水瓶、进水管等组成,变水头的内径应根据试样的渗透系数选择不同的尺寸,长度宜为 1m 以上。

4.其他:切土器、容器、温度计、削土刀、秒表、钢丝锯、凡士林等。

6.3.2　操作步骤

1.将环刀垂直切入土样,平整土样两面,整平时不得用刀往复涂抹,以免闭塞空隙,将装有试样的环刀装入渗透容器,用螺母旋紧,要求密封至不漏水不漏气。对不易透水的试样,需进行抽气饱和;对饱和试样和较易透水的试样,可直接用变水头装置的水头进行试样饱和。

2.将渗透容器下盖的进水口与变水头装置中的进水管连接,开管夹5(1),使供水瓶与变水头管相通。

3.开排气阀,排除渗透容器底部的空气,直至溢出水中无气泡,关排气阀,放平渗透容器。

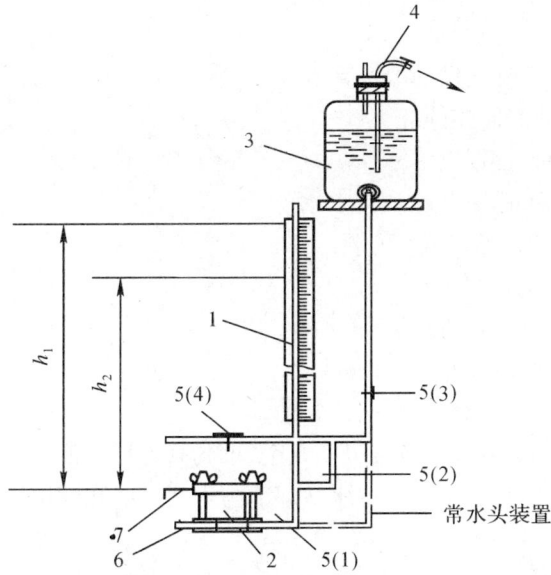

图 6.3 南 55 型渗透仪

1—变水头管;2—渗透容器;3—供水瓶;4—接水源管;5—进水管夹;6—排气管;7—出水管

4.向变水头管注水,当变水头管的水位距水面有一定高度并水位稳定后,立即关管夹 5(1);当出水口有水溢出时随即开动秒表,记录起始水头和起始时间,按预定时间间隔测记水头和时间变化,并测记出水口的水温。如此再经过相等的时间,重复测记一次。

5.将变水头管中的水位变换高度,待水位稳定后再测记水头和时间,重复实验 5~6 次。当不同开始水头下测定的渗透系数在允许差值范围内时(不大于 2×10^{-n}cm/s),结束试验。

6.3.3 成果整理

1.计算变水头渗透系数:

变水头渗透试验如图 6.4 所示,在试验筒内装置土样,土样的截面积为 A,高度为 L,储水管截面积为 a,在试验过程中储水管的水头不断减小。若试验开始时,储水管水头为 h_1,经过时间 t 后降为 h_2。令在时间 dt 内水头降低了 $-dh$,则在 dt 时间内通过土样的流量为

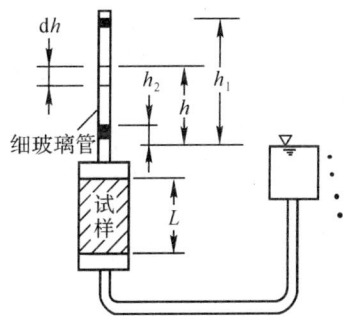

图 6.4 变水头渗透试验示意图

$$dQ=-a\cdot dh=kiAdt=k\frac{h}{L}Adt$$

$$-\frac{dh}{h}=\frac{kA}{aL}dt$$

故得

$$-\int_{h_1}^{h_2}\frac{dh}{h}=\frac{kA}{aL}\int_0^t dt$$

积分后可求得渗透系数:

$$k_T = 2.3 \frac{aL}{A(t_2 - t_1)} \lg \frac{h_1}{h_2} \qquad\qquad (6.9)$$

式中：k_T——水温为 $T℃$ 时试样的渗透系数(cm/s)；

　　　　a——变水头管的断面积(cm^2)；

　　　　L——试样的高度(cm)；

　　　　A——试样的断面积(cm^2)；

　　　　t_1——测读水头的起始时间(s)；

　　　　t_2——测读水头的终止时间(s)；

　　　　h_1——测压管中开始时的水头(cm)；

　　　　h_2——测压管中终止时的水头(cm)。

2. 标准温度下的渗透系数计算同式(6.8)。

3. 将测得的几个渗透系数中较接近的几个,求其算术平均值。当测定黏性土时,在使用仪器和操作方面,须特别注意不能允许水从环刀与土之间的孔隙中流过,以免产生假象。

6.3.4　试验记录

变水头渗透试验记录见表 6.3。

表 6.3　变水头渗透试验

土样编号＿＿＿＿＿　　测压管断面积 a ＿＿＿＿＿　　试验者＿＿＿＿＿

仪器编号＿＿＿＿＿　　试样面积 L ＿＿＿＿＿　　计算者＿＿＿＿＿

孔隙比 e ＿＿＿＿＿　　试样面积 A ＿＿＿＿＿　　试验日期＿＿＿＿＿

开始时间 t_1	终了时间 t_2	经过时间 t	开始水头 h_1	终了水头 h_2	$2.3 \times \frac{aL}{At}$	$\lg \frac{h_1}{h_2}$	水温为 $T℃$ 时的渗透系数 k_T	水温 T	校正系数 η_T / η_{20}	渗透系数 k_{20}	平均渗透系数 k_{20}
日时分	日时分	s	cm	cm	10^{-4}	10^{-2}	cm/s	℃		cm/s	cm/s
(1)	(2)	(3)	(4)	(5)	(6)	(7)	(8)	(9)	(10)	(11)	(12)
		(2)−(1)				$\lg \frac{(4)}{(5)}$	(6)×(7)			(8)×(10)	

6.4　测定实例

6.4.1　常水头试验测定实例

杭州钱塘江岸边某道路拓宽工程。取土深度为 $20.2\sim20.4$ m;试验目的是为了了解土的渗透性大小,为道路设计提供土的渗透性指标。

表 6.4　常水头试验记录表

工程名称杭州某道路工程　试样高度 $h=30$ cm　干土重 $m_s=3260$ g　试验者 _____
土样编号　　16　　　试样面积 $A=78.50$ cm²　孔隙比 $e=0.808$　校核者 _____
土样说明　　砂　　　测孔压间距 $L=10$ cm　土粒比重 $G_s=2.723$　试验日期 2003.6.15

试验次数	经过时间(s)	测压管水位(cm)			水位差(cm)			水力坡降	渗出水量 Q (cm³)	渗透系数 k_T (cm/s)	平均水温(℃)	校正系数 $\frac{\eta_T}{\eta_{20}}$	渗透系数 k_{20} (10⁻²cm/s)	平均渗透系数 k_{20} (10⁻²cm/s)
		I管	II管	III管	H_1	H_2	平均H							
(1)	(2)	(3)	(4)	(5)	(6)	(7)	(8)	(9)	(10)	(11)	(12)	(13)	(14)	
					(2)−(3)	(3)−(4)	$\frac{(5)+(6)}{2}$	$\frac{(7)}{L}$		$\frac{(9)}{A(1)(8)}$			(10)×(12)	
1	120	24.8	22.0	19.2	2.8	2.8	2.8	0.28	125	0.0475	13.0	1.194	5.67	
2	120	24.5	21.8	19.1	2.7	2.7	2.7	0.27	128	0.0504	13.0	1.194	6.02	5.9
3	120	23.5	20.8	18.1	2.7	2.7	2.7	0.27	130	0.0511	13.0	1.194	6.10	

6.4.2　变水头试验测定实例

杭州德胜路道路整治工程。取土深度为 $23.4\sim23.6$ m,试验目的是为了了解土的渗透性大小,为道路设计提供土的渗透性指标。

表 6.5　变水头试验记录表

土样编号　　5　　　试样高度 $L=10.05$ cm　试验者 _____
仪器编号　　5　　　试样面积 $A=39.57$ cm²　校核者 _____
测压管断面积 $a=0.7858$ cm²　孔隙比　$e=1.290$　试验日期 2006.4.23

开始时间 t_1	终了时间 t_2	经过时间 t	开始水头 h_1	终了水头 h_2	$2.3\times\frac{aL}{At}$	$\lg\frac{h_1}{h_2}$	水温 T℃时的渗透系数 k_T	水温 T	校正系数 η_T/η_{20}	渗透系数 k_{20}	平均渗透系数 k_{20}
时分	时分	s	cm	cm	10⁻⁴	10⁻²	10⁻⁶ cm/s	℃		10⁻⁵ cm/s	10⁻⁵ cm/s
(1)	(2)	(3)	(4)	(5)	(6)	(7)	(8)	(9)	(10)	(11)	(12)
		(2)−(1)				$\lg\frac{(4)}{(5)}$	(6)×(7)			(8)×(10)	
6830	940	4200	141.0	107.0	1.092	12.0	13.1	16.0	1.104	1.446	
6830	955	5100	142.1	107.4	0.8996	12.2	11.0	16.0	1.104	1.214	1.273
6830	1006	5800	141.4	103.9	0.7803	13.4	10.5	16.0	1.104	1.159	

第7章 固结试验

7.1 概述

土体是复杂的多相介质,在外荷载作用下,土中水和空气逐渐排出,从而引起土体积减少而发生压缩,可以认为土的压缩主要是由于孔隙体积减少而引起的。随着孔隙水的排出,外荷载从孔隙水(气)转移到土骨架上,土的压缩变形随时间不断增长而渐趋稳定,这一变形过程称为固结。

土体的压缩与固结对土的工程性状有重要影响。例如,随着土体压密,土的渗透性减小;随着固结的发展,土体的有效应力不断变化,土的强度相应变化;土体的压缩导致地基变形,对上部结构的使用与安全造成影响。可见,研究土的压缩性具有重要的意义。

7.1.1 土的压缩性指标

为了解土的孔隙体积随压力变化的规律,可在室内用压缩仪进行压缩试验。土的压缩试验又称为固结试验(consolidation test),是研究土体压缩性的最基本的方法。固结试验是将原状土或重塑土制备成一定规格的土样,置于固结仪内,在完全侧限条件下测定不同荷载下土的压缩变形。由固结试验可以测定试样在侧限与轴向排水条件下土的压缩变形 ΔH 与荷载 p 之间的关系及变形与时间的关系,进而得到相应的孔隙比 e 与荷载 p 之间的关系,从而可计算土的压缩系数 a_v、压缩指数 C_c、压缩模量 E_s、原状土的先期固结压力 p_c 以及固结系数 C_v 等。所得的各项指标可用以判断土的压缩性和计算地基的沉降。

设土样的初始高度为 H_0,初始孔隙比为 e_0,固结仪容器断面积为 A,在荷载 p 作用下,土样稳定后的总压缩量为 ΔH,如图 7.1 所示。土粒体积 V_s 保持不变,根据土的孔隙比定义 $e = V_v/V_s$,若受压后土的孔隙比为 e,荷载作用下土样压缩稳定后的总压缩量为 ΔH,利用受压前后土粒体积不变和土样横截面积不变这两个条件,可得

$$\frac{H_0}{1+e_0} = \frac{H}{1+e} = \frac{H_0 - \Delta H}{1+e} \tag{7.1}$$

则相应的孔隙比 e 的计算公式:

$$e = e_0 - \frac{\Delta H}{H_0}(1+e) \tag{7.2}$$

式中:$e_0 = \dfrac{G_s(1+w_0)}{\rho_0}\rho_w - 1$,其中,$G_s$ 为土粒比重,w_0 为土样的初始含水率,ρ_0 为土样的初

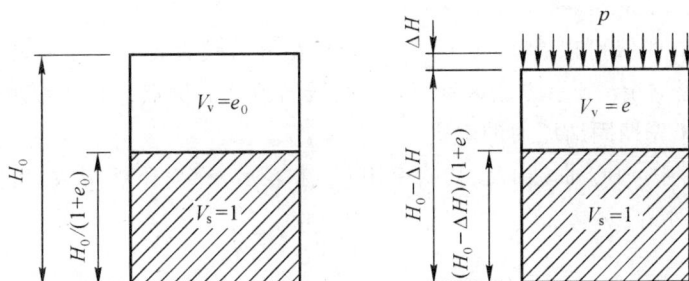

图 7.1　固结试验中土样孔隙比变化

始密度(g/cm³)，ρ_w 为水的密度(g/cm³)。因此，根据式(7.2)，只要测定土样在各级压力作用下的稳定压缩量 ΔH_i 值后，就可以算出相应的孔隙比 e_i，根据 p_i、e_i 值便可绘制压缩曲线(如图 7.2 所示)。

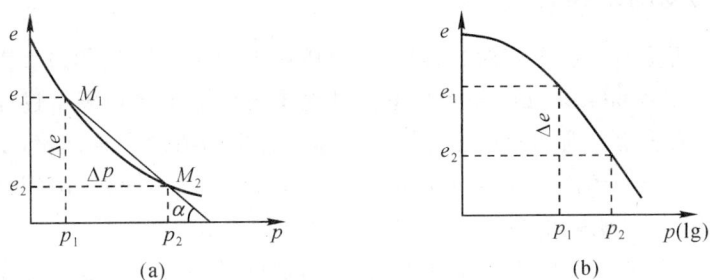

图 7.2　土的压缩曲线

根据上述固结试验中获得的压缩曲线，可以求得各类压缩性指标。

(1)压缩系数(coefficient of compressibility)

由土的压缩曲线可以看出，压力由 p_1 增至 p_2，相应的孔隙比由 e_1 减小到 e_2，当压力变化范围不大时，可将该压力范围的曲线用割线来代替，并用割线的斜率来表示土在这一段压力范围的压缩性，即

$$a = \tan\alpha = \frac{\Delta e}{\Delta p} = \frac{e_1 - e_2}{p_2 - p_1} \tag{7.3}$$

式中：a——土的压缩系数(MPa⁻¹)，压缩系数愈大，土的压缩性愈高。

压缩系数 a 值与土所受的荷载大小有关。为了便于比较，一般采用压力间隔 $p_1 = 100\text{kPa}$ 至 $p_2 = 200\text{kPa}$ 时对应的压缩系数 a_{1-2} 来评价土的压缩性。

(2)压缩模量(constrained modulus)

由 e-p 曲线还可以得到另一个重要的压缩性指标——压缩模量 E_s，定义为土在完全侧限条件下竖向应力增量 Δp(如从 p_1 增至 p_2)与相应的应变增量 $\Delta\varepsilon$ 的比值。

$$E_s = \frac{\Delta p}{\Delta \varepsilon} = \frac{\Delta p}{\dfrac{\Delta H}{H_1}} = \frac{\Delta p}{\dfrac{\Delta e}{1 + e_1}} = \frac{1 + e_1}{a} \tag{7.4}$$

同压缩系数 a 一样，压缩模量 E_s 也不是常数，而是随着压力的变化而变化。在压力小的时候，压缩系数 a 大，压缩模量 E_s 小；在压力大的时候，压缩系数 a 小，压缩模量 E_s 大。在工程上，一般采用压力间隔 $p_1 = 100\text{kPa}$ 至 $p_2 = 200\text{kPa}$ 时对应的压缩模量 E_{s1-2}；也可根据实际竖向应力的大小，在压缩曲线上取相应的压力区间值计算压缩模量。

(3)压缩指数(compression index)

由土的 $e\text{-}\lg p$ 曲线可以看出(见图 7.2(b)),在压力较大且过了某一转折点后,$e\text{-}\lg p$ 关系接近直线,这是 $e\text{-}\lg p$ 表示方法区别于 $e\text{-}p$ 曲线的独特的优点。它通常用来整理有特殊要求的试验,如用于先期固结压力的确定。

将图 7.2(b)中 $e\text{-}\lg p$ 曲线直线的斜率用 C_c 来表示,称为压缩指数,是一个无量纲化的量,如式(7.5)所示:

$$C_c = \frac{e_1 - e_2}{\lg p_2 - \lg p_1} = \frac{e_1 - e_2}{\lg \dfrac{p_2}{p_1}} \tag{7.5}$$

压缩指数 C_c 与压缩系数 a 不同,a 值随压力变化而变化,而 C_c 值在压力较大时为常数,不随压力变化而变化,C_c 值越大,土的压缩性则越高。

7.1.2　前期固结压力

土层的应力历史对土层压缩性的影响,土层历史上曾经承受过的最大固结压力称为前期固结压力(preconsolidation pressure),也就是地质历史上土体在固结过程中所受的最大有效应力,用 p_c 来表示。前期固结压力是一个非常有用的概念和物理量,是了解土层应力历史的重要指标。采用超固结比(overconsolidation ratio)OCR$=p_c/p_0$(其中 p_0 为土层自重应力)可以判断土层的天然固结状态:

(1)OCR$=1$,表明土层的自重应力 p_0 等于前期固结压力 p_c,这种土称为正常固结土(normally consolidated soil)。

(2)OCR>1,表明土层的自重应力 p_0 小于前期固结压力 p_c,这种土称为超固结土(overconsolidated soil)。

(3)OCR<1,表明土层的前期固结压力 p_c 小于土层的自重应力 p_0,这种土称为欠固结土(underconsolidated soil)。

室内大量试验资料证明:$e\text{-}\lg p$ 曲线开始弯曲平缓,随着压力增大明显下弯,当压力接近 p_c 时,曲线急剧变陡,并随压力的增长近似直线向下延伸,因此可根据卡萨格兰德提出的经验作图法确定 p_c(见图 7.3),步骤如下:

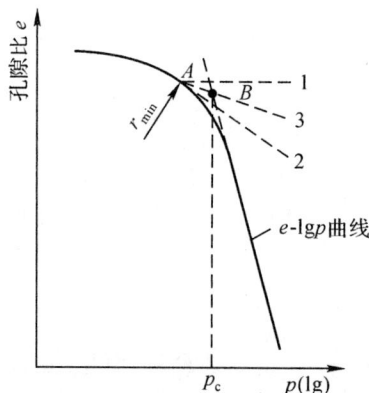

图 7.3　由 $e\text{-}\lg p$ 曲线确定前期固结压力示意图

(1)从室内 $e\text{-}\lg p$ 压缩曲线上找出曲率最大点 A 点;

（2）过 A 点作水平线 $A1$，和切线 $A2$；

（3）作水平线 $A1$ 与切线 $A2$ 所夹角的平分线 $A3$；

（4）由 e-$\lg p$ 曲线直线段向上延长交 $A3$ 于 B 点，则 B 点的横坐标即为前期固结应力 p_c。

7.1.3　固结理论

固结试验在理论上可以根据太沙基提出的单向固结理论加以诠释。作用于饱和土体内某截面上总的正应力由两部分组成，一部分为孔隙水压力，它沿着各个方向均匀作用于土颗粒上，其中由孔隙水自重引起的称为静水压力，由附加应力引起的称为超静孔隙水压力（通常简称为孔隙水压力）；另一部分为有效应力，它作用于土的骨架（土颗粒）上，其中由土粒自重引起的即为土的自重应力，由附加应力引起的称为附加有效应力。

为更好地理解固结过程中土水分担附加应力及其变化的情况，可用图 7.4 所示的简化水弹簧模型来模拟。在装满水的圆筒中，放置一根弹簧，顶面有一个具有排水孔的活塞，模拟土体中的固体颗粒，而水模拟土体中的孔隙水。当在活塞上骤然施加压力 σ，瞬间水来不及排出，弹簧没有变形，附加压力完全由活塞下面的水承担，即 $u=\sigma$；接着在压力作用下，水开始由排水孔排出，活塞下降，弹簧压缩，弹簧承担了一部分压力，相应的水压力减少，此时，$\sigma=\sigma'+u$；随着水的继续排出，孔隙水压力逐渐趋于零，压力最终全部转移到弹簧上，水不再承担压力，也不再排出，固结变形终止。

饱和土中总应力与孔隙水压力、有效应力之间存在如下关系：

$$\sigma=\sigma'+u \tag{7.6}$$

式（7.6）称为饱和土的有效应力公式。

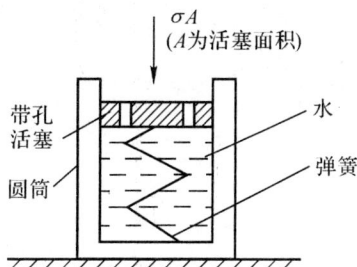

图 7.4　饱和土体简化模型

单向固结理论较好地解释了饱和土体中沉降与时间的关系，如式（7.7）所示：

$$C_v \frac{\partial^2 u}{\partial z^2}=\frac{\partial u}{\partial t} \tag{7.7}$$

式中：$C_v=\dfrac{k(1+e_1)}{a\gamma_w}$，称为竖向渗透固结系数（m²/年 或 cm²/年）。

式（7.7）中的关键参数是固结系数（coefficient of consolidation）C_v，它与固结理论中的时间因数（time factor）T_v 有关，可表示为

$$T_v=\frac{C_v t}{H^2} \tag{7.8}$$

因此固结系数可以从固结试验得到的变形与时间的关系求得。常用的确定固结系数的方法有时间平方根法和时间对数法，具体方法在后面的试验成果整理中叙述。应注意的是

通过固结试验求固结系数仅对饱和土样适用。

7.2 标准固结试验

标准固结试验是将天然状态下的原状土或人工制备的重塑土制成一定规格的土样,然后在侧限与轴向排水条件下测定土在不同荷载下的压缩变形,试样在每级压力下的固结稳定时间取为 24h。

7.2.1 仪器设备

1.固结容器:由环刀、护环、透水板、水槽、加压上盖等组成,环刀内径为 61.8mm 或 79.8mm,高度为 20mm,如图 7.5 所示。

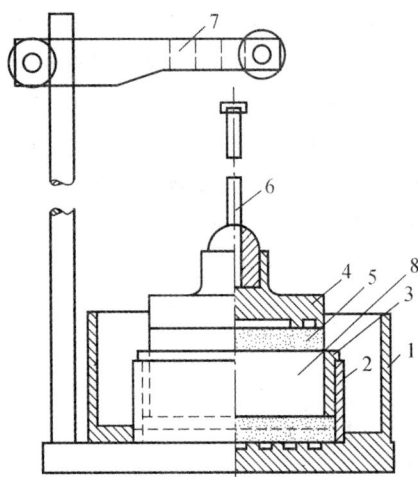

(a) 固结容器示意图   (b) 固结仪

图 7.5 固结仪

1—水槽;2—护环;3—环刀;4—加压上盖;5—透水石;6—量表导杆;7—量表架;8—试样

2.加荷设备:应能垂直地在瞬间施加各级规定的压力,且没有冲击力,可采用量程为 5~10kN 的杠杆式、磅秤式或气压式等加荷设备。

3.变形量测设备:可采用最大量程 10mm、最小分度值 0.01mm 的百分表,或采用准确度为全量程 0.2%的位移传感器及数字显示仪表或计算机。

4.其他设备:毛玻璃板、圆玻璃片、滤纸、切土刀、钢丝锯和凡士林或硅油等。

7.2.2 操作步骤

1.试样制备

(1)按工程需要选择面积为 30cm² 或 50cm² 的切土环刀,环刀内侧涂上一层薄薄的凡士林或硅油,刀口应向下放在原状土或人工制备的土样上,切取原状土样时,应与天然土层受荷方向一致。

(2)小心地边压边削,注意避免环刀偏心入土,使整个土样进入环刀并凸出环刀为止,然后用钢丝锯(软土)或用修土刀(较硬的土或硬土)将环刀两端余土修平,擦净环刀外壁。

（3）测定土样密度，并在余土中取代表性土样测定其含水率，然后用圆玻璃片将环刀两端盖上，防止水分蒸发。

2. 操作步骤

（1）在固结仪的固结容器内装上带有试样的切土环刀（刀口向下），在土样两端应贴上洁净而湿润的滤纸，再用提环螺丝将导环置于固结容器中，然后放上透水石和传压活塞以及定向钢球。

（2）将装有土样的固结容器准确地放在加荷横梁的中心，如采用杠杆式固结仪，应调整杠杆平衡，为保证试样与容器上下各部件之间接触良好，应施加 1kPa 预压荷载；如采用气压式压缩仪，可规定调节气压力，使之平衡，同时使各部件之间密合。

（3）调整百分表或位移传感器至"0"读数，并按工程需要确定加压等级、测定项目以及试验方法。

（4）加压等级可采用 12.5、25、50、100、200、400、800、1600、3200kPa。第一级压力的大小视土的软硬程度分别采用 12.5、25 或 50kPa，最后一级压力应大于土层的自重应力与附加应力之和，最大压力不应小于 400kPa。

（5）需要确定原状土的先期固结压力时，初始段的荷重率应小于 1，可采用 0.5 或 0.25。最后一级压力应使测得的曲线下段出现直线段。对于超固结土，应采用卸压、再加压方法来评价其再压缩特性。

（6）对于饱和试样，在试样受第一级荷重后，应立即向固结容器的水槽中注水浸没试样，而对非饱和土样，须用湿棉纱或湿海绵覆盖于加压盖板四周，避免水分蒸发。

（7）对于预估建筑物沉降与时间的关系需测定竖向固结系数 C_v，或对于层理构造明显的软土需测定水平向固结系数 C_h 时，应在某一级荷重下测定时间与试样高度变化的关系。读数时间点为 6s、15s、1min、2min15s、4min、6min15s、9min、12min15s、16min、20min15s、25min、30min15s、36min、42min15s、49min、64min、100min、200min、400min、23h、24h，直至稳定为止。当测定 C_h 时，需具备水平向固结的径向多孔环，环的内壁与土样之间应贴有滤纸。

（8）不需要测定沉降速率时，则施加每级压力后 24h 测定试样高度变化作为稳定标准；只需测定压缩系数的试样，施加每级压力后，每小时变形达 0.01mm 时，测定试样高度变化作为稳定标准。

（9）当需要做回弹试验时，可在某级压力下固结稳定后退压，直至退到要求的压力，每次退压至 24h 后测定试样的回弹量。

（10）当试验结束时，应先排除固结容器内水分，然后拆除容器内各部件，取出带环刀的土样，必要时，揩干试样两端和环刀外壁上的水分，分别测定试验后的密度和含水率。

7.2.3　成果整理

1. 计算试样的初始孔隙比

$$e_0 = \frac{G_s(1+\omega_0)\rho_w}{\rho_0} - 1 \tag{7.9}$$

2. 计算试样的颗粒（骨架）净高

$$h_s = \frac{h_0}{1+e_0} \tag{7.10}$$

3.计算某级压力下固结稳定后土的孔隙比

$$e_i = e_0 - \frac{\sum \Delta h_i}{h_s} \qquad (7.11)$$

式中：e_i——某级压力下的孔隙比；

$\sum \Delta h_i$——某级压力下试样高度的累计变形量。

4.绘制 $e\text{-}p$ 曲线 $e\text{-}\lg p$ 或曲线

以孔隙比为纵坐标，以压力 p 或 $\lg p$ 为横坐标，绘制 $e\text{-}p$ 或 $e\text{-}\lg p$ 曲线。

5.按式(7.12)～式(7.14)计算某一压力范围内压缩系数 a_v、压缩模量 E_s 和体积压缩系数 m_v：

$$a_v = \frac{e_i - e_{i+1}}{p_{i+1} - p_i} \qquad (7.12)$$

$$E = \frac{1 + e_i}{a_v} \qquad (7.13)$$

$$m_v = \frac{1}{E_s} = \frac{a_v}{1 + e_i} \qquad (7.14)$$

式中：a_v——压缩系数(MPa^{-1})；

p_i——某级压力值(kPa)；

E_s——压缩模量(MPa)；

m_v——体积压缩系数(MPa^{-1})。

6.按式(7.15)计算土的压缩指数 C_c

$$C_c = \frac{e_i - e_{i+1}}{\lg p_{i+1} - \lg p_i} \quad （压缩曲线的直线段斜率） \qquad (7.15)$$

式中：C_c——压缩指数。

7.垂直向固结系数计算

(1)时间平方根法

对于某一级压力，以试样变形的量表读数 d 为纵坐标，以时间平方根 $\sqrt{t}$ 为横坐标，绘制 $d\text{-}\sqrt{t}$ 曲线(见图7.6)，延长 $e\text{-}\sqrt{t}$ 曲线开始段的直线，交纵坐标于 d_s(d_s 称为理论零点)，过 d_s 作另一直线，并令其另一端的横坐标为前一直线横坐标的 1.15 倍，则后一直线与 $d\text{-}\sqrt{t}$ 曲线交点所对应的时间(交点横坐标的平方)即为试样固结度达 90% 所需的时间，该级压力下的垂直向固结系数 C_v 按式(7.16)计算：

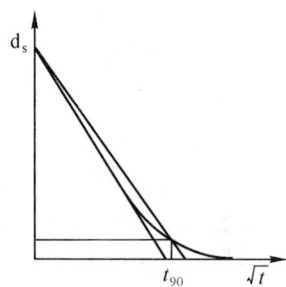

图 7.6　时间平方根法求 t_{90}

$$C_v = \frac{0.848\,\overline{h}^2}{t_{90}} \qquad (7.16)$$

式中：C_v——垂直向固结系数(cm^2/s)；

$\overline{h}$——最大排水距离，等于某级压力下试样的初始高度与最终高度的平均值的一半(cm)；

t_{90}——固结度达 90% 所需的时间(s)。

（2）时间对数法

对于某一级压力，以试样变形的量表读数 d 为纵坐标，以时间的对数 $\lg t$ 为横坐标，在半对数纸上绘制 $d\text{-}\lg t$ 曲线（见图 7.7），该曲线的首段部分接近为抛物线，中部一段为直线，末段部分随着固结时间的增加而趋于一直线。

在 $d\text{-}\lg t$ 曲线的开始段抛物线上，任选一时间 t_a，相对应的量表读数为 d_a，再取时间 $t_b = 4t_a$，相对应的量表读数 d_b，从 d_a 向上取 d_a 与 d_b 的差值 $d_b - d_a$，并作一水平线，水平线的纵坐标 $2d_a - d_b$ 即为固结度 $U = 0\%$ 的理论零点 d_{01}；另取时间按同样方法可求得 d_{02}、d_{03}、d_{04} 等，取其平均值作为平均理论零点 d_0，延长曲线中部的直线段和通过曲线尾部切线的交点即为固结度 $U = 100\%$ 的理论终点 d_{100}。

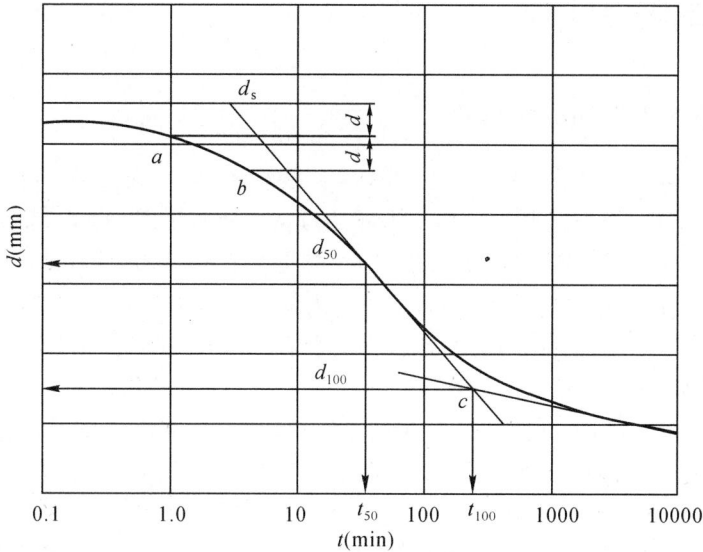

图 7.7　时间对数法求 t_{50}

根据 d_0 和 d_{100} 即可定出相应于固结度 $U = 50\%$ 的纵坐标 $d_{50} = (d_0 + d_{100})/2$，对应于 d_{50} 的时间即为试样固结度 $U = 50\%$ 所需的时间 t_{50}，对应的时间因数为 $T_v = 0.197$，于是，某级压力下的垂直向固结系数可按式（7.17）计算：

$$C_v = \frac{0.197\,\overline{h}^2}{t_{50}} \tag{7.17}$$

式中：t_{50}——固结度达 50% 所需的时间。

7.2.4　注意事项

1. 取原状土样

用环刀切取原状土样，操作时应尽量避免扰动土样，试样应保持土的原状结构，否则会直接影响土的力学性指标的正确性。

2. 试验规格和条件

试样尺寸一般高度均为 20mm，直径有 79.8mm 和 61.8mm 两种。试样应上下两面或一面能自由排水，其流向与压力作用方向一致形成单向固结；受力作用下压缩变形也应与压力方向一致，且无侧向膨胀。固结过程中应保持所需控制的温度，使其含水量不变。

3. 荷重率

荷重率即后一级荷重与前一级荷重的差与前一级荷重的比值,即$(P_2-P_1)/P_1$。一般荷重率小,沉降量小;反之荷重率大或者快速加荷,则沉降量大。所以应根据实际情况和土质条件合理确定荷重率。

4. 荷重历时及固结标准

土的黏性愈大,达到稳定所需时间也愈长。沉降稳定的标准,一般规定为24h,大多数黏土能满足。对某些土经过试验,采用2h或6h,土样固结也已达到95%左右。但一般情况用24h作为稳定标准。

7.3 快速固结试验

7.3.1 操作步骤和成果整理

快速固结试验规定试样在各级压力下的固结时间为1h,仅在最后一级压力下,除测记1h的量表读数外,还应测读压缩稳定时24h量表读数。实践证明,对于20mm厚的试样,在压力作用下1h的固结度一般可达到90%以上,按此速率进行试验,对试验结果进行校正,可得到与标准固结试验近似的结果,而且可以大大缩短试验历时,所以在实践中得到广泛应用。快速法由于没有理论依据,只有对透水性较大的地基或当建筑物对地基变形要求不高,不需要求固结系数时,才可用此法测定。

快速法的试样制备与标准固结试验相同,操作步骤与标准固结试验的试验步骤1~5,10相同,只是每级压力的历时缩短到1h,仅在最后一级压力下,除测记1h的变形量外,还应继续试验至24h并测记变形量,并以等比例综合固结度进行修正。修正方法是根据最后一级压力下稳定变形量与1h变形量的比值分别乘以前各级压力下1h的变形量,即可得到修正后的各级压力下的变形量。因此,试验成果的整理基本一致,区别在于各级压力下固结稳定后土的孔隙比e_i的计算,如式(7.18):

$$e_i = e_0 - k\frac{\sum\Delta h_i}{h_s} \tag{7.18}$$

式中:k——校正系数,$k=\dfrac{(\sum\Delta h_n)_T}{(\sum\Delta h_n)_t}$,或$k=\dfrac{e_0-(\Delta e_n)_T}{e_0-(\Delta e_n)_t}$。其中,$(\sum\Delta h_n)_t$,$(\Delta e_n)_t$是最后一级压力下试样固结1h的总变形量和孔隙比总减缩量;$(\sum\Delta h_n)_T$,$(\Delta e_n)_T$是最后一级压力下试样固结24h的总变形量和孔隙比总变形量。

7.3.2 试验记录

快速固结试验记录见表7.1。

表 7.1　快速固结试验记录

工程名称：_____ 　　　　　　　　　　　　　　试验者：_____

工程编号：_____ 　　　　　　　　　　　　　　计算者：_____

试验日期：_____ 　　　　　　　　　　　　　　校核者：_____

密度 $p=$ _____ g/cm² 　　　比重 $G_s=$ _____ 　　　含水率 $w=$ _____ %

试验前试样高度 $h_0=$ _____ cm　　试验前孔隙比 $e_0=$ _____ 　　颗粒净高 $h_s=$ _____ cm

校正系数 $k=\dfrac{e_0-(\Delta e_n)_T}{e_0-(\Delta e_n)_t}$

压力	读数时间	各级荷重压缩时间	量表读数	压缩量	孔隙比减缩量	校正前孔隙比	校正后孔隙比	压缩系数	压缩模量
p	t	Δt	R_i	$\sum \Delta h_i$	$\Delta e_i=\dfrac{\sum \Delta h_i}{h_s}$	$e_i=e_0-\Delta e_i$	$e_i=e_0-k\Delta e_i$	$a_v=\dfrac{e_i-e_{i+1}}{p_{i+1}-p_i}$	$E_s=\dfrac{1+e_1}{a_v}$
kPa	h min	h	0.01mm	mm				MPa⁻¹	MPa

7.4　试验成果的应用

固结试验的成果可用于预测地基在荷载作用下的总沉降量及其沉降稳定所需时间。下面以预测总沉降量为例，说明试验成果的应用。

7.4.1　地基的沉降计算

目前在工程中广泛采用的分层总和法，是以无侧向变形条件下的压缩量计算为基础的。计算参数选取依据室内试验求得的 e-p 曲线。

在无侧向变形条件下，竖向应力由 p_1 增至 p_2，土样高度由 H_1 变为 H_2，土样孔隙比由 e_1 变为 e_2，与式（7.1）相似，可以得到：

$$\frac{H_1}{1+e_1}=\frac{H_2}{1+e_2}=\frac{H_1-\Delta H}{1+e_2} \tag{7.19}$$

于是

$$\Delta H=\frac{e_1-e_2}{1+e_1}H_1=\frac{\Delta e}{1+e_1}H_1 \tag{7.20}$$

式中：ΔH——土样高度变化，在沉降计算中即为土层压缩量 s。

根据第 i 层的初始应力 $p_{1i}=\sigma_{czi}$ 和初始应力与附加应力之和 $p_{2i}=\sigma_{czi}+\sigma_{zi}$，由压缩曲线查出相应的初始孔隙比 e_{1i} 和压缩稳定后孔隙比 e_{2i}，按公式（7.20）求出第 i 分层的压缩量 s_i

$$=\frac{e_{1i}-e_{2i}}{1+e_{1i}}H_i，叠加即得基础的沉降量：s=\sum_{i=1}^{n}s_i=\sum_{i=1}^{n}\frac{e_{1i}-e_{2i}}{1+e_{1i}}H_i。$$

7.4.2 实例

浙江舟山某工程，在天然地表上作用一大面积均布荷载 $p=54kPa$，土层情况如图 7.8 所示，地下水位在地表下 1m 处，试求在大面积荷载 p 作用下，地表的最终沉降量。

1. 问题分析

该示例中黏土层下方为不可压缩层，上方为粗砂层，其压缩量可忽略不计，因此沉降的主要来源是厚度为 5m 的黏土层的压缩。求该黏土层的压缩量必须掌握土层的沉降计算参数。利用取土钻进行取样，取土深度为 6.5m，在室内进行固结试验，试验结果见表 7.2 和表 7.3。

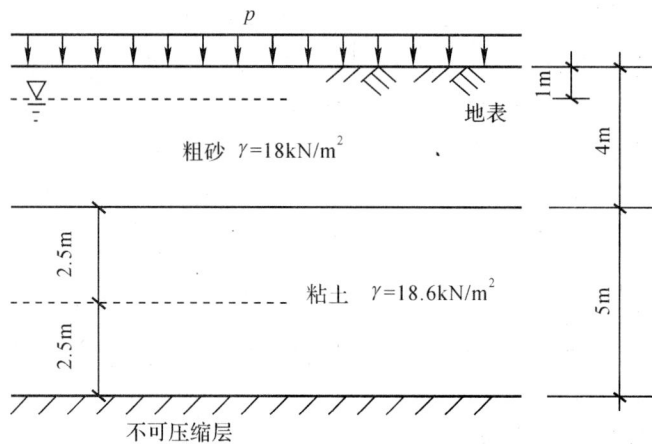

图 7.8 工程实例

2. 试验结果

表 7.2 标准固结试验记录表(1)

工程名称：定海 101　　　　　　　　　　　　　　　　　　　试验者：＿＿＿＿＿＿＿
工程编号：　017　　　　　　　　　　　　　　　　　　　　　计算者：＿＿＿＿＿＿＿
试验日期：2005/6/18　　　　　　　　　　　　　　　　　　　校核者：＿＿＿＿＿＿＿

经过时间 (min)	压　　力							
	$p=50kPa$		$p=100kPa$		$p=200kPa$		$p=400kPa$	
	时间	量表读数 (0.01mm)	时间	量表读数 (0.01mm)	时间	量表读数 (0.01mm)	时间	量表读数 (0.01mm)
0	9:30	0	9:30	96.4	9:30	135.8	9:30	196.8
0.1		22.0		98.7		139.9		210.5
0.25		41.0		101.4		144.5		233.5
1		51.0		106.2		152.2		240.5
2.25		60.2		110.7		159.0		242.3
4		63.2		114.0		164.4		243.8
6.25		74.9		116.8		168.8		245.0

续表

经过时间 （min）	压　　力							
	$p=50\text{kPa}$		$p=100\text{kPa}$		$p=200\text{kPa}$		$p=400\text{kPa}$	
	时间	量表读数 （0.01mm）	时间	量表读数 （0.01mm）	时间	量表读数 （0.01mm）	时间	量表读数 （0.01mm）
9		80.0		119.2		172.2		246.0
12.25		83.4		120.8		174.8		247.0
16		85.4		122.8		176.6		248.0
20.25		86.9		123.2		178.2		248.8
25		87.7		124.0		179.4		249.5
30.25		88.6		124.7		180.6		250.0
36		89.1		125.3		181.3		250.8
42.25		89.6		125.8		182.0		251.5
49		90.0		129.5		182.8		252.1
64		90.8		133.4		183.9		253.0
100		93.4		133.8		186.1		256.0
200		95.1		134.6		188.7		259.2
23(h)		96.2		135.5		194.5		263.6
24(h)		96.6		135.8		194.8		264.0
总变形量(mm)		0.966		1.358		1.948		2.640
仪器变形量(mm)		0.040		0.050		0.062		0.074
试样总变形量(mm)		0.926		1.308		1.886		2.566

表 7.3　标准固结试验记录表（2）

工程名称：定海 101　　　　　　　　　　　　　　　　　　试验者：＿＿＿＿＿

工程编号：　017　　　　　　　　　　　　　　　　　　　计算者：＿＿＿＿＿

试验日期：2005/6/22　　　　　　　　　　　　　　　　　校核者：＿＿＿＿＿

密度 $\rho=1.86\text{g/cm}$　　　　　比重 $G_s=2.75$　　　　　含水率 $w=38\%$

试验前试样高度 $h_0=2.0\text{cm}$　　试验前孔隙比 $e_0=1.04$　　颗粒净高 $h_s=0.98\text{cm}$

压力	读数时间	各级荷重压缩时间	量表读数	压缩量	孔隙比减缩量	压缩系数	压缩模量	排水距离	固结系数
p	t	Δt	R_i	$\sum \Delta h_i$	$\Delta e_i = \dfrac{\sum \Delta h_i}{h_s}$	$a_v = \dfrac{e_i - e_{i+1}}{p_{i+1} - p_i}$	$E_s = \dfrac{1+e_1}{a_v}$	$\bar{h} = \dfrac{h_i + h_{i+1}}{4}$	$C_v = \dfrac{T_v (\bar{h})^2}{t}$
kPa	h min	h	0.01mm	mm		MPa^{-1}	MPa	cm	cm^2/s
0	9:20	0	0	0	0			0.977	
50	9:20	24	92.6	0.926	0.095	1.90	1.07	0.944	2.18
100	9:20	24	130.8	1.308	0.134	0.78	2.62	0.920	2.02
200	9:20	24	188.6	1.886	0.192	0.58	3.40	0.896	1.90
400	9:20	24	256.4	2.564	0.262	0.35	5.83	0.889	1.62

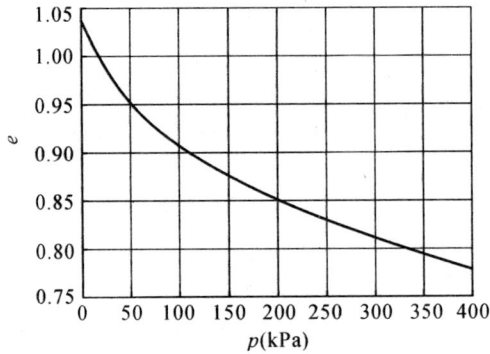

图 7.9 黏土的 e-p 曲线

由图 7.9 中可见,压缩系数 $a_{1-2}=0.58\mathrm{MPa}^{-1}$,属于高压缩性土。

3. 沉降计算

黏土层的沉降按 $s=\dfrac{e_1-e_2}{1+e_1}$ 计算,可按分层总和法进行,如图 7.10 所示。计算时首先确定自重应力及附加应力,然后根据试验得出的 e-p 曲线求得相应应力下的孔隙比,代入沉降计算公式中解得沉降量。

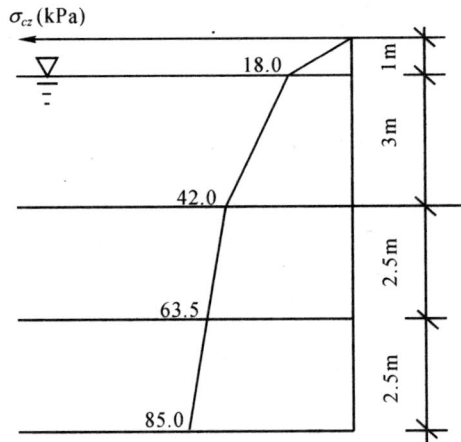

图 7.10 自重应力分布

第一层:

$$p_1=\frac{42.0+63.5}{2}=52.75\ (\mathrm{kPa}),\ e_1=0.943$$

$$p_2=52.75+54=106.75(\mathrm{kPa}),\ e_2=0.902$$

$$s_1=\frac{e_1-e_2}{1+e_1}H=\frac{0.943-0.902}{1+0.943}\times2500=52.75\ (\mathrm{mm})$$

第二层:

$$p_1=\frac{63.5+85.0}{2}=74.25\ (\mathrm{kPa}),\ e_1=0.926$$

$$p_2=74.25+54=128.25(\mathrm{kPa}),\ e_2=0.889$$

$$s_1=\frac{e_1-e_2}{1+e_1}H=\frac{0.926-0.889}{1+0.926}\times2500=48.00\ (\mathrm{mm})$$

于是地表总沉降量:$s=s_1+s_2=52.75+48=100.75\ (\mathrm{mm})$

第8章 抗剪强度试验

8.1 概　述

土的抗剪强度(shear strength)是指土体抵抗剪切破坏的极限能力。在外力作用下,土体内部产生剪应力,同时,土体产生变形。当剪应力较小且与土的抗剪力平衡时,土体呈安全状态,但随着剪应力的不断增大,土体变形加大直至发生剪切破坏。剪切破坏是土体强度破坏的重要特点,土的强度问题实质上就是土的抗剪强度问题。测定土的抗剪强度,可以提供计算地基强度和地基稳定性用的基本指标,即土的内摩擦角(internal friction angle)和黏聚力(cohesive strength)。

8.1.1　土的剪切破坏与库仑定律

用土做三轴压缩试验时,试件将发生不同形式的破坏,如图8.1所示。

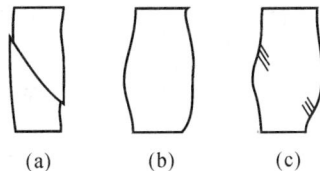

(a)　　　(b)　　　(c)

图8.1　三轴试样的破坏形式

(a)具有明显滑动面的剪切破坏;

(b)整体变形破坏;

(c)介于上述两者之间的破坏。

在天然地基的破坏中也可以看到与上述情况相同的各种破坏方式。如图8.2所示,挡土墙的倒塌,开挖边坡的坍滑以及充分夯实的地基上浅基础的破坏等,常常呈现清晰的连续的滑动面,与图8.1(a)所示的破坏形式相似。比较松软的地基上的基础或埋置较深的基础承受荷重而下沉时,滑动面很不明显,常常产生整体的变形。

1976年,库仑根据砂土的摩擦试验(如图8.3(a)所示),将土的抗剪强度表达为滑动面上法向总应力的函数,后来根据黏性土的试验结果(如图8.3(b)所示),提出了更普遍的库仑抗剪强度定律。

$$\tau_f = c + \sigma\tan\varphi \tag{8.1}$$

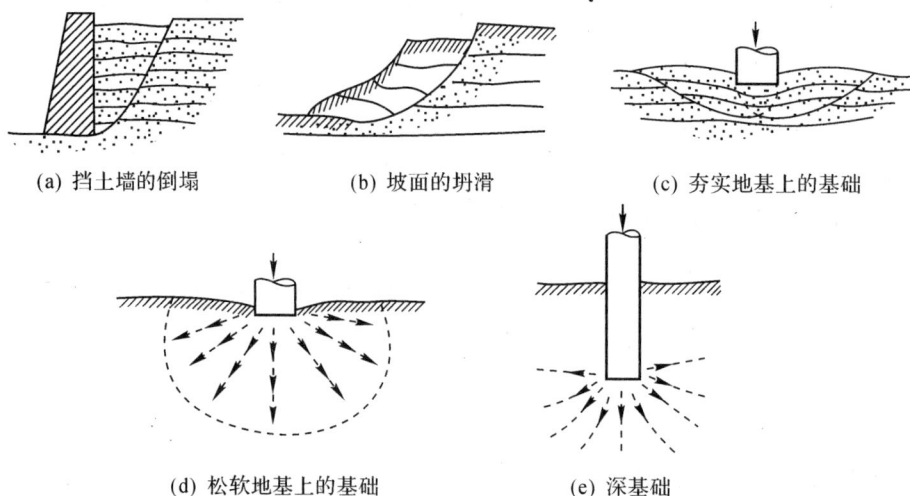

(a) 挡土墙的倒塌　　(b) 坡面的坍滑　　(c) 夯实地基上的基础

(d) 松软地基上的基础　　(e) 深基础

图 8.2　天然地基的破坏形式

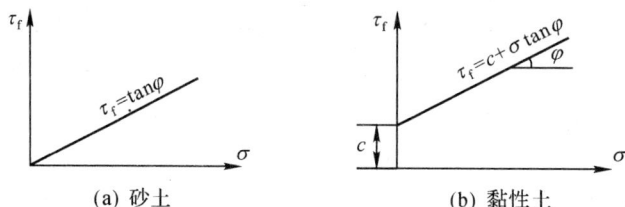

(a) 砂土　　　　　　(b) 黏性土

图 8.3　土的抗剪强度与法向应力之间的关系

式中：τ_f——土的抗剪强度(kPa)；

σ——剪切滑动面上的法向总应力(kPa)；

c——土的黏聚力(kPa)；

φ——土的内摩擦角(度)。

公式(8.1)称为抗剪强度总应力法，c、φ称为总应力强度指标或总应力强度参数。库伦定律也可用有效应力的形式来表达：

$$\tau_f = c' + \sigma' \tan\varphi' \tag{8.2}$$

式中：σ'——剪切滑动面上的法向有效应力(kPa)；

c——有效黏聚力(kPa)；

φ'——有效内摩擦角(度)。

公式(8.2)称为抗剪强度有效应力法，c'、φ'称为有效应力强度指标或有效应力强度参数。

8.1.2　抗剪强度试验方法

实际工程中，在计算承载力、评价地基的稳定性以及计算挡土墙的土压力时，都要用到土的抗剪强度指标。而土的种类(无黏性土、黏性土)、土的状态(密实度、结构、含水状态等)、应力状态和应力历史、试验时的排水条件等都会引起抗剪强度指标的变化。因此，正确地测定土的抗剪强度在工程上具有重要意义。剪切试验就是为确定土的抗剪强度或强度参数而进行的试验。目前常用的室内试验有直接剪切试验、无侧限抗压试验和三轴压缩试验。这三种剪切试验方法的内容和特点列于表8.1中。

表 8.1　三种剪切试验方法

剪切试验名称	剪切原理图	试验方法	c 与 φ 的求法	特　点
直接剪切		将试样分上下装入剪切盒,通过加压板施加垂直压力,利用水平力 $\tau_f A$ 进行剪切。取两个以上不同的 σ 值进行剪切。	通过求直线的截距和倾角求得	适用于颗粒粒径小于2mm的土。剪切面固定,无法严格控制排水条件。操作简便。
无侧限抗压		在圆柱形试样上直接施加垂直压力 q_u 进行剪切。	$c=q_u/2$	只适用于饱和黏性土。操作简单。
三轴压缩		在圆柱形试样上施加周围压力 σ_3,进行压缩剪切。取两个以上不同的 σ_3 值进行剪切。	由莫尔圆的包络线求得	适用于一切土质。理论最完善,能严格控制排水条件,能测量孔压。操作较复杂。

8.2　直接剪切试验

8.2.1　概　述

直接剪切试验(simple shearing test)是测定土的抗剪强度的一种常用方法。通常采用四个试样,分别在不同的垂直压力 p 下,施加水平剪切力进行剪切,求得破坏时的剪应力 τ,然后根据库伦定律确定土的抗剪强度参数。本试验方法适用于细粒土。

根据排水条件的不同,直接剪切试验分快剪、固结快剪和慢剪三种试验方法。

(1)快剪试验是在试样上施加垂直压力后,立即施加水平剪切力。在剪切过程中不允许排水,称为不固结不排水剪。适用于渗透系数小于 10^{-6} cm/s 的细粒土。

(2)固结快剪试验是在试样上施加垂直压力,待排水固结稳定后,施加水平剪切力。在剪切过程中不允许排水,称为固结不排水剪。适用于渗透系数小于 10^{-6} cm/s 的细粒土。

(3)慢剪试验是在试样上施加垂直压力及水平剪应力的过程中均应使试样排水固结,称为固结排水剪。

8.2.2　仪器设备

1.应变控制式直剪仪,如图 8.4 所示。图 8.4(a)是直剪仪的原理示意图,图 8.4(b)是直剪仪的实物照片。

仪器的主要部分:

(1)剪切盒:分上下两盒,上盒一端顶在量力环的一端,下盒与底座连接,底部放在两轨道的滚珠上,可以移动。

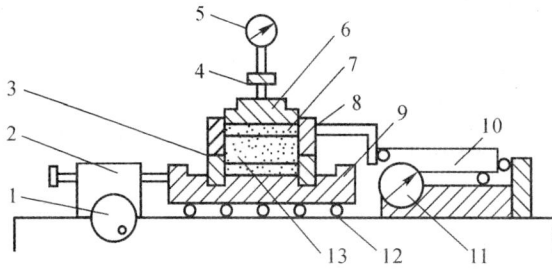

(a) 直剪仪示意图　　　　　　　　(b) 直剪仪

图 8.4　应变控制式直剪仪

1—剪切传动机构；2—推动器；3—下盒；4—垂直加压框架；5—垂直位移计；6—传压板；7—透水板；
8—上盒；9—储水盒；10—测力计；11—水平位移计；12—滚珠；13—试样

（2）垂直加压框架，水平剪切力杠杆：配合一套定量砝码施加垂直荷重。

（3）量力环：通过旋转手轮，推进螺杆移动下盒施加力，从量力环变形间接求出水平剪切力的大小。

（4）其他：环刀（内径 61.8mm，高度 20mm）、削土器、天平等。

8.2.3　操作步骤（快剪试验）

1.用环刀切取土样。首先应该检查土样结构，当确定土样已受扰动或取土质量不符合规定时，应舍弃该土样。将土样按天然层面翻转 180 度，刃口对准土面用环刀切取试样（保持原状结构），在削土过程中细心观察试样有无空洞和含砂粒及草根等物，并进行描述。共切取四块试样为一组备用。

2.将剪切盒内擦净，上下盒之间涂一层润滑油，并对准上下盒口插入固定销，使上下盒固定，并在下盒放入一不透水板。

3.试样上下两面各放滤纸一张，环刀平口向下对准剪切盒，在试样上放一块不透水板，然后缓慢将土样推入剪切盒，并移去环刀（这时土就恢复原层面）。

4.顺次放上加压板、钢珠和加压框架，徐徐转动手轮使剪切盒前端钢珠与量力环刚好接触（量表指针微动），调整量表大针为零。

5.每组四个试样，在四种不同垂直压力下，进行剪切试验，按规定加垂直荷重（一般采用 50、100、150、200kPa），各个垂直压力可一次轻轻施加，若土质松软，也可分次施加以防土样挤出。

6.加荷后，拔去固定销，以 0.8mm/min 的剪切速度施加剪力，一般在 3～5min 内完成试验。

7.试样每产生剪切位移 0.2～0.4mm 测记测力计和位移读数，直至量表读数出现峰值时，记下破坏值，继续剪切至剪切位移为 4mm 时停止；当读数无峰值时，应剪切至剪切位移为 6mm 时停止。

8.剪切结束后，倒转手轮，迅速拆去砝码、加压框架等，取出试样并在剪切面上用钢丝锯切开，观察有无砂粒、硬块、草根等，供绘制曲线时参考。

9.重复上述 2～8 步骤，进行其他压力下的剪切试验。

8.2.4　成果整理

$$\tau = C_K \cdot R \tag{8.3}$$

式中：τ——剪应力(kPa)；

$\quad C_K$——量力环系数(kPa/0.01mm)；

$\quad R$——量表读数(0.01mm)。

以剪应力为 τ 纵坐标，剪切位移 ΔL 为横坐标，绘制剪应力 τ 和剪切位移 ΔL 关系曲线，见图 8.5 所示。选取剪应力与剪切位移 ΔL 关系曲线的峰值作为抗剪强度 τ_f；无峰值时，取稳定值；无稳定值时，取剪切位移 4mm 时对应的剪应力为抗剪强度。

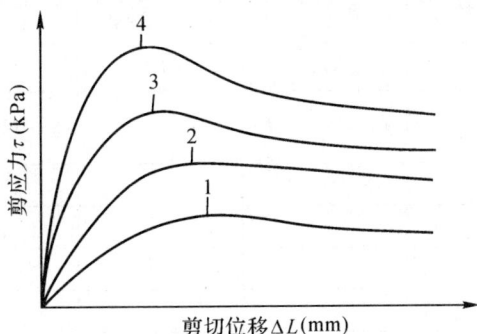

图 8.5　剪应力与剪切位移关系曲线

以抗剪强度 τ_f 为纵坐标，垂直压力 p 为横坐标，绘制抗剪强度 τ_f 与垂直压力关系曲线，如图 8.6 所示。根据图上各点，绘一直线。在绘制四个试验点直线时，应根据剪切面及环刀取土时观察结果进行分析取舍。直线的倾角为土的内摩擦角 φ，直线在纵坐标轴上的截距为土的凝聚力 c，求出 c、φ 值。(注：作 τ_f-p 图时纵横坐标应取一致)

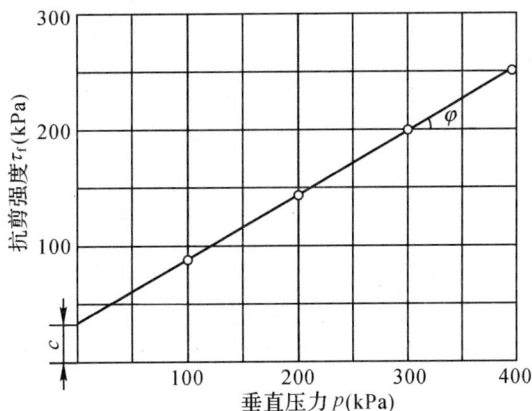

图 8.6　抗剪强度与垂直压力关系曲线

8.2.5　试验记录

直接剪切试验记录见表 8.2。

表 8.2　直接剪切试验记录

工程名称：_____　　　　　　　　　　　　　　试验者：_____

土样编号：_____　　　　　　　　　　　　　　计算者：_____

试验方法：_____　　　　　　　　　　　　　　校核者：_____

　　　　　　　　　　　　　　　　　　　　　　　　　试验日期：_____

试样编号_____　　　　　　　试样面积 $A_0 =$ _____

仪器编号_____　　　　　　　量力环系数 $C =$ _____ kPa/0.01mm

手轮转速_____

垂直压力_____ kPa　抗剪强度_____ kPa　　　　　垂直压力_____ kPa　抗剪强度_____ kPa

手轮转数	测力计读数	剪切位移	剪应力	手轮转数	测力计读数	剪切变形	剪应力
转	0.01mm	0.01mm	kPa	转	0.01mm	0.01mm	kPa
(1)	(2)	$(3)=(1)\times20-(2)$	$(4)=(2)\times C$	(1)	(2)	$(3)=(1)\times20-(2)$	$(4)=(2)\times C$
1				1			
2				2			
3				3			
4				4			
5				5			
6				6			
7				7			
8				8			
9				9			
10				10			
11				11			
12				12			
13				13			
14				14			
15				15			
16				16			
...				...			
32				32			

8.3　无侧限抗压强度试验

8.3.1　概　述

无侧限抗压强度是指试样在无侧向压力条件下，抵抗轴向压力的极限强度。原状土的无侧限抗压强度与重塑土的抗压强度之比定义为土的灵敏度 S_t（sensitivity）。

无侧限抗压强度试验(unconfined compression test)是三轴试验的一个特例,即周围压力 $\sigma_3 = 0$ 的三轴试验。一般情况适用于测定饱和黏性土的无侧限抗压强度和灵敏度 S_t。

8.3.2　仪器设备

1. 应变控制式无侧限压力仪:包括量力环、加压框架及升降螺杆等。应根据土的软硬程度选用不同量程的量力环,如图 8.7 所示。图 8.7(a)是无侧限压力仪的原理示意图,图 8.7(b)是无侧限压力仪实物照片。

2. 其他:切土盘、重塑筒、量表、天平(量程 1000g,分度值 0.1g)、卡尺、钢丝锯、削土刀等。

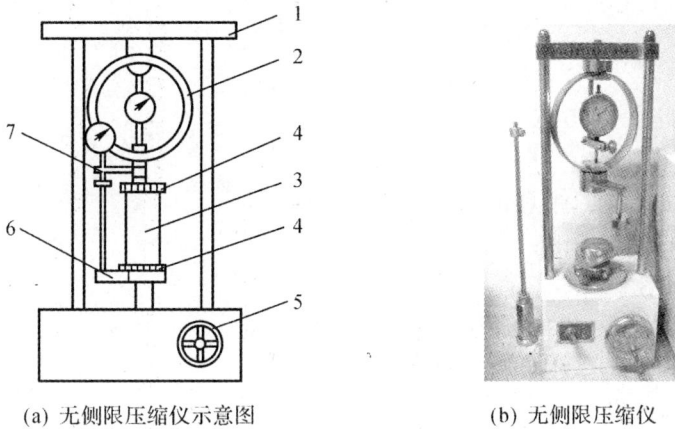

(a) 无侧限压缩仪示意图　　　　(b) 无侧限压缩仪

图 8.7　应变控制式无侧限压缩仪

1—轴向加荷架;2—轴向测力计;3—试样;4—上、下传压板;5—手轮;6—升降板;7—轴向位移计

8.3.3　操作步骤

1. 将原状土按天然层次安放好,用钢丝锯削成大于试样直径的土柱,放入切土盘的上下圆盘之间,用钢丝锯沿侧杆由上往下细心切削,边切削边转动圆盘,直至切成所要求直径为止。在切削过程中,若试样表面因遇砾石或贝壳而形成孔洞,允许用土填补。

2. 从切土器中取出试样放在对开模中,削平两端。试样直径一般为 3.91cm,高为 8cm。

3. 将切好的试样立即称重,并用卡尺测试样的上、中、下直径,另取其余土测定试样含水率。

按式(8.4)计算平均直径 $\overline{D}_0$:

$$\overline{D}_0 = \frac{D_上 + 2D_中 + D_下}{4} \tag{8.4}$$

式中:$D_上$、$D_中$、$D_下$ 分别为土样上、中、下部直径。

4. 将试样两端抹一薄层凡士林(如气候干燥,试样侧面也需抹一薄层凡士林,防止水分蒸发)。

5. 将制备好的试样放在下加压板上,转动手轮,使试样与上加压板刚好接触(量力环量表微动),将量力环量表指针调至零。

6. 以每分钟轴向应变为 1%～3% 的速度转动手柄,进行剪切试验,每隔 0.5% 应变读数一次,试验宜在 8~10min 内完成。

7.当量表读数出现峰值时,继续进行 3%~5% 的应变后停止试验;当读数无峰值时,试验应进行到 20% 应变时停止。

8.试验结束后,迅速反转手轮,取下试样,描述破坏后形状。

9.若需要测定土的灵敏度,则将破坏后的试样(削去黏有凡士林的土)包以塑料布充分扰动,破坏其结构,再制成圆柱形放入重塑筒内定型,然后量其直径高度,按 3~8 步骤进行试验。

8.3.4　成果整理

1.试样的轴向应变

$$\varepsilon = \frac{\Delta h}{h_0} \times 100\%$$ (8.5)

$$\Delta h = n \times \Delta L - 0.01R$$ (8.6)

式中:ε——轴向应变(%);

　　h_0——试样试验前高度(mm);

　　Δh——轴向变形(mm);

　　n——手轮转数;

　　ΔL——手轮每转一周,下加压板上升高度(mm);

　　R——量力环量表读数(0.01mm)。

2.试样平均截面积

$$A_a = \frac{A_0}{1-\varepsilon}$$ (8.7)

式中:A_a——试样校正后面积(cm²);

　　A_0——试样试验前面积(cm²);

　　其他符号同前。

3.试样所受轴向应力

$$\sigma = \frac{C_K \cdot R}{A_a} \times 10$$ (8.8)

式中:C_K——量力环系数(N/0.01mm),其余符号同前。

4.以轴向应力为纵坐标,以轴向应变为横坐标,绘制应力—应变关系曲线,见图 8.8 所示,取曲线最大值为 q_u(无侧限抗压强度)。当曲线上峰值不明显时,取轴向应变 15% 所对应的轴向应力作为无侧限抗压强度。

5.计算灵敏度

$$S_t = \frac{q_u}{q_u'}$$ (8.9)

式中:S_t——灵敏度;

　　q_u——原状试样的无侧限抗压强度(kPa);

　　q_u'——重塑试样的无侧限抗压强度(kPa)。

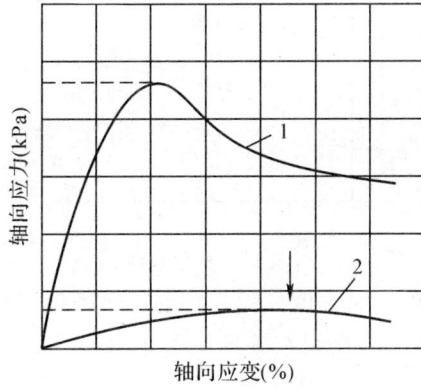

图 8.8　轴向应力与轴向应变关系曲线
1—原状试样；2—重塑试样

8.4　三轴压缩试验

8.4.1　试验原理

三轴压缩试验(triaxial test)也称三轴剪切试验，是测定土抗剪强度的一种方法，通常采用 3～4 个圆柱形试样，分别在不同的恒定周围压力(即小主应力 σ_3)下，施加轴向压力(即产生主应力差 $\sigma_1 - \sigma_3$)，进行剪切直至试样破坏。然后根据莫尔—库伦破坏准则确定土的抗剪强度参数。三轴压缩试验周围压力宜根据工程实际荷重确定。对于填土，最大一级周围压力应与最大的实际荷重大致相等。

在压力室内向试件加荷，可分两个阶段进行。首先，施加周围压力，该过程称为固结过程(如图 8.9(a)所示)。然后，维持周围压力不变，缓慢施加轴向压力，使试件压缩，直至破坏，该过程称为轴向压缩过程(如图 8.9(b)所示)。

破坏时试件内任意平面上的应力状态可用莫尔应力圆表示，如图 8.9(c)所示，即

$$\left(\sigma - \frac{\sigma_1 + \sigma_3}{2}\right)^2 + \tau^2 = \left(\frac{\sigma_1 - \sigma_3}{2}\right)^2 \tag{8.10}$$

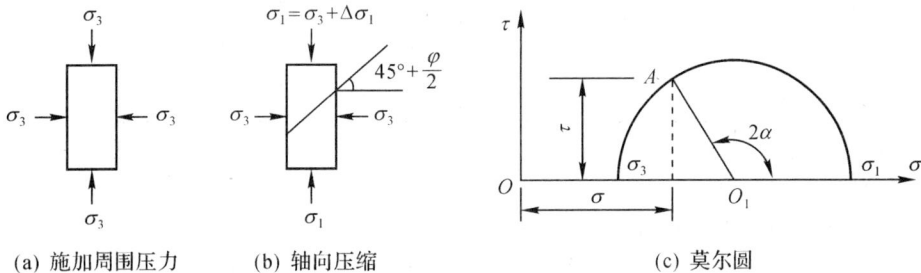

(a) 施加周围压力　　(b) 轴向压缩　　(c) 莫尔圆

图 8.9　三轴试验原理

用同一种土样的 3～4 个试件进行试验，可得到一组不同的极限应力圆，根据莫尔—库伦强度理论，做这组应力圆的公切线，通常近似取为一条直线，该直线即为土的抗剪强度包线，如图 8.10 所示。

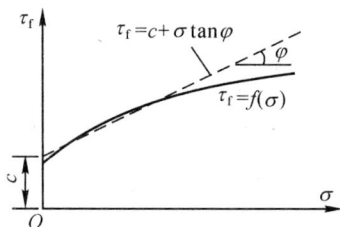

图 8.10　莫尔包线

三轴压缩试验按剪切前的固结程度和剪切时的排水条件,分为以下三种试验方法:

(1)不固结不排水试验(UU):是指在施加周围压力和增加轴向压力直至破坏过程中均不允许试样排水。本试验测得总抗剪强度参数 c_u、φ_u。

(2)固结不排水试验(CU):是指试样先在周围压力下排水固结,然后在保持不排水的情况下,增加轴向压力直至破坏。本试验测得总抗剪强度参数 c_{cu}、φ_{cu} 或有效抗剪强度参数 c'、φ' 和孔隙水压力系数。

(3)固结排水试验(CD):是指试样先在周围压力下排水固结,然后允许试样在充分排水的条件下缓慢增加轴向压力直至破坏。本试验测得有效抗剪强度参数 c_d、φ_d。

8.4.2　仪器设备

1.应变控制式三轴仪:包括三轴压力室、轴向加压设备、周围压力系统、反压力系统、孔隙压力量测系统、轴向变形和体积变化量测系统组成,如图 8.11 所示。

2.附属设备:包括切土盘、钢丝锯、削土刀、承膜筒、天平(量程 1000g,分度值 0.1g)、卡尺、橡皮膜等。

8.4.3　试样制备和饱和

1.试样制备

本试验采用的试样最小直径为 35mm,最大直径为 101mm,试样高度宜为试样直径的 2～2.5 倍,试样的允许最大粒径应符合表 8.3 的要求。

表 8.3　试样的最大粒径

试样直径(mm)	允许最大粒径
<100	试样直径的 1/10
>100	试样直径的 1/5

(1)原状土试样制备

1)对于较软的土样,先用钢丝锯或切土刀切取一稍大于规定尺寸的土柱,放在切土盘的上下圆盘之间,用钢丝锯紧靠侧板,由上往下细心切削,边切削边转动圆盘,直至土样被削成规定的直径为止。试样切削时应避免扰动,当试样表面遇有砾石或凹坑时,允许用削下的余土填补。

2)对较硬的土样,先用切土刀切取一稍大于规定尺寸的土柱,放在切土架上,用切土器切削土样,边切削边压切土器,直至切削到超出试样高度约 2cm 为止。

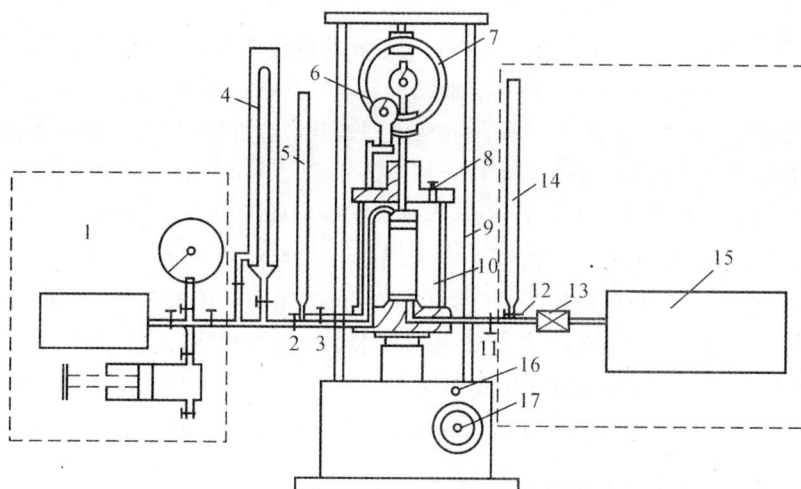

(a) 应变控制式三轴仪示意图

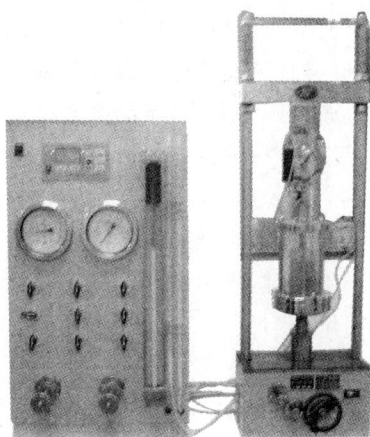

(b) 应变控制式三轴仪

图 8.11　应变控制式三轴仪示意图

1—周围压力系统；2—周围压力阀；3—排水阀；4—体变管；5—排水管；6—轴向位移表；7—测力计；8—排气孔；9—轴向加压设备；10—压力室；11—孔压阀；12—量管阀；13—孔压传感器；14—量管；15—孔压量测系统；16—离合器；17—手轮

3）取出试样，按规定的高度将两端削平，称重。并取余土测定试样的含水率。

（2）扰动土试样制备

对于扰动土，按预定的干密度和含水率将扰动土拌匀，然后分层装入击实筒内击实，粉质土分 3～5 层，黏质土分 5～8 层，并在各层面上用切土刀刨毛以利于两层面之间结合。

（3）砂土试样制备

对砂土，先在压力室底座上依次放上不透水板、橡皮膜和对开模，然后根据密度要求，分三层装入圆筒内击实。如果制备饱和样，在压力室底座上依次放透水板、橡皮膜和对开模，在模内注入 1/3 高的纯水，将预先煮沸的砂填入，重复此步骤，使砂样达到预定高度。放上不透水板（饱和样为透水板），试样帽，扎紧橡皮膜。为使试样能直立，可对试样内部施加 5kPa 的负压力或用量水管降低 50cm 水头即可，然后拆除对开模。

2.试样饱和

(1)真空抽气饱和法。将制备好的土样放入饱和器内置于真空饱和缸,为提高真空度可在盖缝中涂上一层凡士林防止漏气。将真空抽气机与真空饱和缸连接,开动抽气机,当真空压力达到一个大气压时,微微打开管夹,徐徐注入清水到真空饱和缸中,待水面超过土样饱和器后,使真空表压力保持一个大气压不变即可停止抽气。静置大约10h后,使试样充分吸水饱和。

(2)水头饱和法。将试样装入压力室内,施加20kPa的周围压力,使试样底部和顶部的水头差保持在1m左右,使无气水从试样底部进入,上部溢出,直至流入水量和溢出水量相等为止。

(3)反压饱和法。试样在不固结不排水状态下,在试样顶部施加反压力,同时施加周围压力,反压力应低于周围压力5kPa,当试样底部孔隙水压力达到稳定后关闭反压力阀,再施加周围压力,当增加的周围压力与增加的孔隙水压力比值 $\Delta u / \Delta \sigma_3 > 0.98$ 时,认为试样已经饱和。否则再增加反压力和周围压力使土体内气泡继续缩小,直至满足 $\Delta u / \Delta \sigma_3 > 0.98$ 的条件。

8.4.4 不固结不排水试验

1.操作步骤

(1)在压力室的底座上,依次放上不透水板、试样及不透水试样帽,将橡皮膜用承膜筒套在试样上,并用橡皮圈将橡皮膜两端与底座及试样帽分别扎紧。

(2)将压力室罩顶部活塞提高,放下压力室罩,将活塞对准试样中心,并均匀地拧紧底座密封螺帽。向压力室内注满纯水,待压力室顶部排气孔有水溢出时,拧紧排气孔,并将活塞对准测力计和试样顶部。

(3)将离合器调至粗位,转动粗调手轮,当试样帽与活塞及量力环接近时,将离合器调至细位,改用细调手轮,当量力环量表微动时,表示试样帽与活塞及量力环已经接触,将量力环的量表和变形量表的指针调整到零位。

(4)关排水阀,开周围压力阀,施加周围压力。

(5)剪切应变速率取每分钟0.5%~1.0%,开动马达,合上离合器,开始剪切。开始阶段,试样每产生0.3%~0.4%的轴向应变(或0.2mm轴向变形值),测记量力环量表读数和垂直变形量表读数各一次。当垂直应变达到3%以后,试样每产生0.7%~0.8%的轴向应变(或0.5mm轴向变形值),测记一次。

当量力环读数出现峰值时,再继续剪3%~5%垂直应变;若量力环的量表读数无明显减少,则剪切进行到轴向应变为15%~20%。

(6)试验结束后,关电动机,关周围压力阀,脱开离合器,将离合器调至粗位,转动粗调手轮,将压力室降下,打开排气孔,排除压力室内的水,拆卸压力室罩,拆除试样,描述试样破坏形状,称试样质量,测定试样含水率。

(7)对其余试样,在不同周围压力下按1~6步骤进行试验。

2.成果整理

(1)试样的轴向应变

$$\varepsilon = \frac{\Delta h}{h_0} \times 100\%$$ (8.11)

式中:ε——轴向应变(%);

h_0——试样试验前高度(cm);

Δh——剪切过程中试样的轴向变形(cm)。

(2)试样剪切过程中平均截面面积

$$A_a = \frac{A_0}{1-\varepsilon} \qquad\qquad (8.12)$$

式中:A_a——试样校正后面积(cm^2);

$\quad A_0$——试样试验前面积(cm^2);

$\quad$其他符号同前。

(3)试样所受主应力差

$$\sigma_1 - \sigma_3 = \frac{C_K \cdot R}{A_a} \cdot 10 \qquad\qquad (8.13)$$

式中:$\sigma_1 - \sigma_3$——主应力差(kPa);

$\quad \sigma_1$——大主应力(kPa);

$\quad \sigma_3$——小主应力(kPa);

$\quad C_K$——量力环系数(N/0.01mm);

$\quad R$——量力环量表读数(0.01mm);

$\quad$其余符号同前。

(4)以主应力差为纵坐标,轴向应变为横坐标,绘制主应力差-轴向应变关系曲线,如图 8.12所示。取曲线上主应力差峰值为破坏点,无峰值时,取 15%轴向应变时的主应力差值作为破坏点。

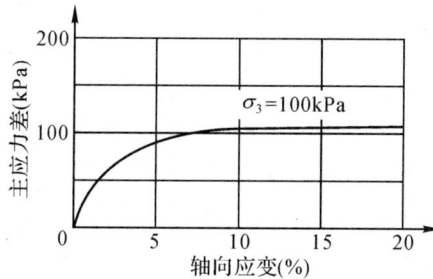

图 8.12　主应力差与轴向应变关系曲线

(5)以剪应力为纵坐标,法向应力为横坐标,在横坐标轴以破坏时的 $\frac{\sigma_{1f}+\sigma_{3f}}{2}$ 为圆心,以

$\frac{\sigma_{1f}-\sigma_{3f}}{2}$ 为半径,在 $\tau\sigma$ 应力平面上绘制破损应力圆,并绘制不同周围压力下破损应力圆的包线,求出不排水强度数,如图 8.13 所示。

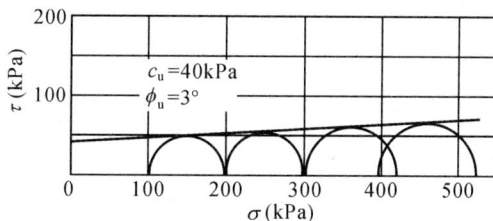

图 8.13　不固结不排水抗剪强度包线

3.不固结不排水试验的记录(见表8.4)。

表8.4　三轴压缩试验(不固结不排水)记录表

工程名称:＿＿＿＿＿＿＿　　　　　　　　　　试验者:＿＿＿＿＿＿

土样编号:＿＿＿＿＿＿＿　　　　　　　　　　计算者:＿＿＿＿＿＿

试验日期:＿＿＿＿＿＿＿　　　　　　　　　　校核者:＿＿＿＿＿＿

试样面积(cm²)		钢环系数(N/0.01mm)	
试样高度(cm)		剪切速率(mm/min)	
试样体积(cm³)		周围压力(kPa)	
试样质量(g)		试样破坏描述	
密度(g/cm³)			
含水率(%)			

轴向变形 (0.01mm)	轴向应变 $\varepsilon(\%)$	校正面积 $\dfrac{A_0}{1-\varepsilon}(cm^2)$	钢环读数 (0.01mm)	$\sigma_1-\sigma_3$ (kPa)

8.4.5　固结不排水试验

1. 操作步骤

(1)打开孔隙水压力阀和量管阀,将孔隙水压力系统和压力室底座充水排气后,关闭孔隙水压力阀和量管阀。

(2)压力室底座上依次放上透水板、湿滤纸、试样、湿滤纸、透水板,试样周围贴浸水的滤纸条 7~9 条。将橡皮膜用承膜筒套在试样外,并用橡皮圈将橡皮膜下端与底座扎紧。

(3)打开孔隙水压力阀和量管阀,使水缓慢从试样底部流入,排除试样与橡皮膜之间的气泡,关闭孔隙水压力阀和量管阀。

(4)打开排水阀,使试样帽中充水,放在透水板上,用橡皮圈将橡皮膜上端与试样帽扎紧,降低排水管,使管内水面位于试样中心以下 20~40cm,吸除试样与橡皮膜之间的余水,关排水阀。

注:需要测定土的应力应变关系时,应在试样与透水板之间放置中间夹有硅脂的两层圆形橡皮膜,膜中间应留有直径为 1cm 的圆孔排水。

(5)压力室罩安装,充水以及测力计调整应按 8.4.4 节不固结不排水试验的 2、3 步骤进行。

(6)试样排水固结

1)调节排水管使管内水面与试验高度的中心齐平,测记排水管水面读数。

2)开孔隙水压力阀,使孔隙水压力等于大气压力,关孔隙水压力阀,记下初始读数。

3)将孔隙水压力调至接近周围压力值,施加周围压力后,再打开孔隙水压力阀,待孔隙水压力稳定后测定孔隙水压力。

4)开排水阀。固结完成后(孔隙水压力消散 95% 以上),关排水阀,测记孔隙水压力和排水管水面读数。

5)微调压力机升降台,使活塞与试样接触,此时轴向变形指示计的变化值为试样固结时的高度变化。

6)将测力计、轴向变形指示计及孔隙水压力读数均调整至零。剪切应变速率取每分钟 0.05%~0.1%,开动马达,合上离合器,开始剪切。测记量力环量表读数、垂直变形量表读数和孔隙水压力的记录标准同 8.4.4 节不固结不排水试验的第 5 步。

7)试验结束后的操作步骤同 8.4.4 节不固结不排水试验的第 6 步。

8)对其余试样,在不同周围压力下按 1~8 步骤进行试验。

2. 成果整理

(1)试样固结后的高度,应按式(8.14)计算:

$$h_c = h_0 (1 - \frac{\Delta V}{V_0})^{1/3} \tag{8.14}$$

式中:h_c——试样固结后的高度(cm);

ΔV——试样固结后与固结前的体积变化(cm³)。

(2)试样固结后的面积,应按式(8.15)计算:

$$A_c = A_0 (1 - \frac{\Delta V}{V_0})^{2/3} \tag{8.15}$$

式中:A_c——试样固结后的面积(cm²)。

(3)试样的矫正面积应按式(8.16)计算：

$$A_a = \frac{A_c}{1-\varepsilon} \tag{8.16}$$

$$\varepsilon = \frac{\Delta h}{h_c} \times 100\% \tag{8.17}$$

各变量含义同前。

(4)主应力差按式(8.18)计算：

$$\sigma_1 - \sigma_3 = \frac{C_K \cdot R}{A_a} \cdot 10 \tag{8.18}$$

式中：$\sigma_1 - \sigma_3$——主应力差（kPa）；

σ_1——大主应力（kPa）；

σ_3——小主应力（kPa）；

C_K——量力环系数（N/0.01mm）；

R——量力环量表读数（0.01mm）；

其余符号同前。

(5)有效主应力比应按式(8.21)计算：

有效大主应力：

$$\sigma_1' = \sigma_1 - u \tag{8.19}$$

式中：σ_1'——有效大主应力（kPa）；

u——孔隙水压力（kPa）。

有效小主应力：

$$\sigma_3' = \sigma_3 - u \tag{8.20}$$

式中：σ_3'——有效小主应力（kPa）。

有效主应力比：

$$\frac{\sigma_1'}{\sigma_3'} = 1 + \frac{\sigma_1' - \sigma_3'}{\sigma_3'} \tag{8.21}$$

(6)孔隙水压力系数按式(8.22)计算：

初始孔隙水压力系数：

$$B = \frac{u_0}{\sigma_3} \tag{8.22a}$$

式中：B——初始孔隙水压力系数；

u_0——施加周围压力产生的孔隙水压力（kPa）。

破坏时孔隙水压力系数：

$$A_f = \frac{u_f}{B(\sigma_1 - \sigma_3)} \tag{8.22b}$$

式中：A_f——破坏时的孔隙水压力系数；

u_f——试样破坏时，主应力差产生的孔隙水压力（kPa）。

(7)主应力差与轴向应变关系曲线按8.4.4节不固结不排水试验中对应的标准绘制。

(8)以有效应力比为纵坐标，轴向应变为横坐标，绘制有效应力比与轴向应变曲线（如图8.14所示）。

(9)以孔隙水压力为纵坐标,轴向应变为横坐标,绘制孔隙水压力与轴向应变关系曲线(如图 8.15 所示)。

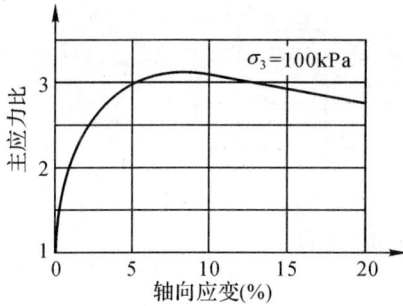

图 8.14　有效应力比与轴向应变关系曲线　　　图 8.15　孔隙水压力与轴向应变关系曲线

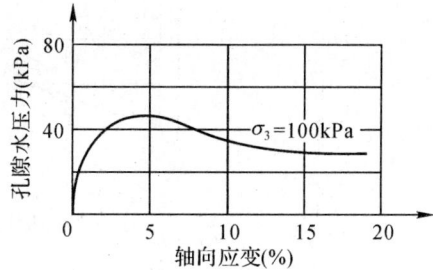

(10)以 $\dfrac{\sigma_1{'}-\sigma_3{'}}{2}$ 为纵坐标,$\dfrac{\sigma_1{'}+\sigma_3{'}}{2}$ 为横坐标,绘制有效应力路径曲线(如图 8.16 所示),并计算有效内摩擦角和有效黏聚力。

有效内摩擦角:

$$\varphi' = \sin^{-1}\tan\alpha \tag{8.23}$$

式中:φ'——有效内摩擦角(°);

　　α——应力路径图上破坏点连线的倾角(°)。

有效黏聚力:

$$c' = \dfrac{d}{\cos\varphi'} \tag{8.24}$$

式中:c'——有效黏聚力(kPa);

　　d——应力路径上破坏点连线在纵轴上的截距(kPa)。

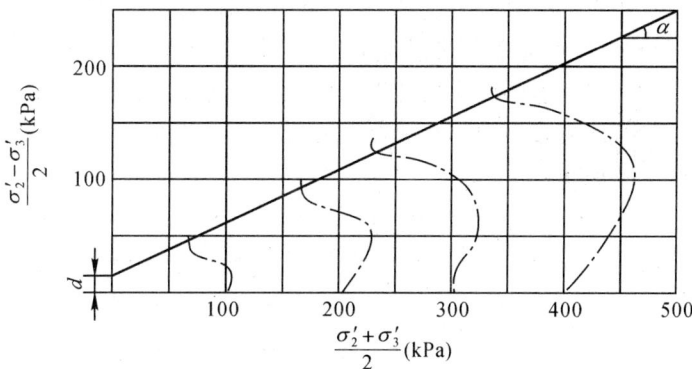

图 8.16　应力路径曲线

(11)以主应力差或有效主应力比的峰值作为破坏点,无峰值时,以轴向应变 15% 时的主应力差值作为破坏点。按照 8.4.4 节不固结不排水试验中对应的标准绘制破损应力圆和破损应力圆包线,并求出总应力强度参数(如图 8.17 所示)。有效内摩擦角和有效黏聚力,应以 $\dfrac{\sigma_{1f}{'}+\sigma_{3f}{'}}{2}$ 为圆心,$\dfrac{\sigma_{1f}{'}-\sigma_{3f}{'}}{2}$ 为半径绘制有效破损应力圆确定,$\sigma_{1f}{'}$ 和 $\sigma_{3f}{'}$ 分别是破坏时的有效大主应力和有效小主应力。

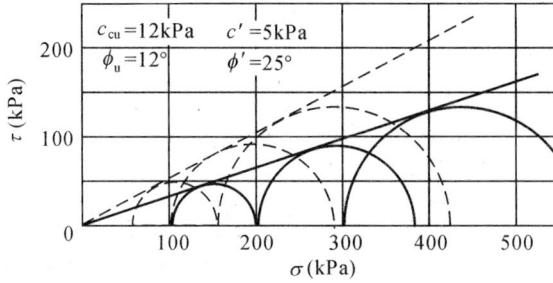

图 8.17　固结不排水抗剪强度包线

8.4.6　固结排水试验

1.操作步骤

试样的安装、固结、剪切的操作步骤同 8.4.5 节固结不排水试验中的 1～8 步,但在剪切过程中应打开排水阀,剪切速率采用每分钟应变 0.003%～0.012%。

2.成果整理

(1)试样固结后的高度、面积按公式(8.14)和公式(8.15)计算。

(2)剪切时试样面积的校正,应按式(8.25)计算:

$$A_a = \frac{V_c - \Delta V_i}{h_c - \Delta h_i} \qquad (8.25)$$

式中:ΔV_i——剪切过程中试样的体积变化(cm³);

　　　Δh_i——剪切过程中试样的高度变化(cm)。

(3)应力差按公式(8.18)计算。

(4)有效应力比及孔隙水压力系数,分别按公式(8.21)和(8.22)计算。

(5)主应力差与轴向应变关系曲线按 8.4.4 节不固结不排水试验中对应的标准绘制。

(6)主应力比与轴向应变关系曲线按 8.4.5 节固结不排水试验中对应的标准绘制。

(7)以体积应变为纵坐标,轴向应变为横坐标,绘制体应变与轴向应变关系曲线。

(8)破损应力圆,有效内摩擦角和有效黏聚力按 8.4.5 节固结不排水试验中对应的标准绘制和确定(如图 8.18 所示)。

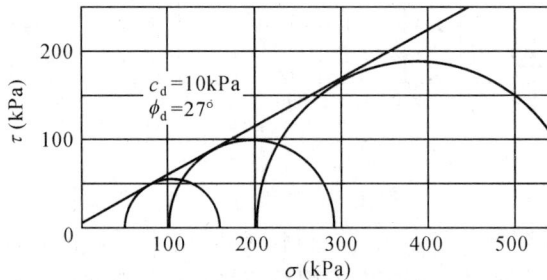

图 8.18　固结排水抗剪强度包线

8.5　实际应用

8.5.1　剪切试验设计和操作方面的注意事项

1. 试验设计的注意事项

(1) 明确试验目的,最大化利用地层剖面图、勘查资料、相似地基的其他工程等来调查现场地基的概况。

(2) 根据试验规范,具体问题的特点、土质、地基状况等选择最佳的试验方法。

(3) 试验开始之前,要仔细确定相应的剪切试验内容和次数。可以参考的资料有物理试验数据,钻孔的现场观察记录或标贯 N 值等。

(4) 根据试验方法和土的性质,选择剪切速率。

(5) 根据土样的制备方法和土样特性选择饱和方法。

(6) 根据取土深度、土的应力历史以及试验方法,确定周围压力大小。

(7) 根据土样的多少和均匀程度确定单个试样多级加荷还是多个试样分级加荷。

2. 试验操作的注意事项

(1) 操作前应仔细检查试验仪器,包括检查仪器各部分以及配套设备是否工作正常,确认量力环等量测仪器的精度等。

(2) 若用原状试样,应仔细小心取土,选取扰动最少的部分,尽量减少对土体结构的扰动,保持含水量不变。

(3) 用作物理性质试验的试样应尽量与剪切试验用的试样一致。

(4) 若用扰动样,应选择适当的重塑制作方法,并作记录。

(5) 在试验过程中应注意仪器读数。可将读数粗略绘制成图,以便根据试验进行的大致情况作出调整。

(6) 应该及时配合试验的进程整理数据,并根据数据分析情况及时对试验进行调整。要避免在试验即将结束或者已经结束时再集中汇总整理数据。

8.5.2　各种试验方法在实际中的适用性

对同一种土,强度指标与试验方法以及试验条件都有关,实际工程问题的情况又是千变万化的,用实验室的试验条件去模拟现场条件毕竟还会有差别。因此,应根据工程问题的具体情况和各种试验方法的适用范围去选择合适的测试方法。

1. 直接剪切试验

快剪试验:适用于黏土地基的稳定问题,例如在黏土地基上填土等骤然加荷时的短期稳定问题。

固结快剪试验:适用于采用预加荷载施工等方法使黏土地基固结强化,并将此看作骤然加荷时,黏土地基因固结而强度增加的场合。

固结慢剪试验:适用于砂质地基的一般稳定问题。适用于研究黏土地基的削坡、开挖,或具有较大固结屈服应力的黏土等的长期稳定问题。

2. 无侧限抗压强度试验

适用于渗透性很低的饱和软黏土地基的稳定性问题。

3. 三轴压缩试验

不固结不排水（UU）试验：适用于研究施工中短期稳定的问题。

固结不排水（CU）试验：适用于地基刚固结后的地基强度问题。该试验确定的有效应力强度指标 c' 和 φ' 与固结排水试验得到的 c_d 和 φ_d 基本相同，可代替 c_d 和 φ_d 值，适用于分析地基的长期稳定性（例如土坡的长期稳定分析，估计挡土结构物的长期土压力，位于软土地基上结构物的地基长期稳定分析等）。

固结排水（CD）试验：适用于研究砂质地基的承载力和坡面稳定以及黏性土地基的长期稳定。但黏性土的 CD 试验需要很长时间，往往用 CU 试验代替。

8.5.3 抗剪强度试验测试实例

1. 萧山软黏土的固结不排水三轴压缩试验

萧山软黏土是一种比较典型的饱和软黏土。通过固结不排水三轴压缩试验得到了土体的抗剪强度指标和不同围压下的抗剪强度。

试验中周围压力为 15kPa、30kPa、60kPa、100kPa、150kPa、200kPa、400kPa，根据部分试验数据整理出各种关系曲线，分别见图 8.19～图 8.23 所示。

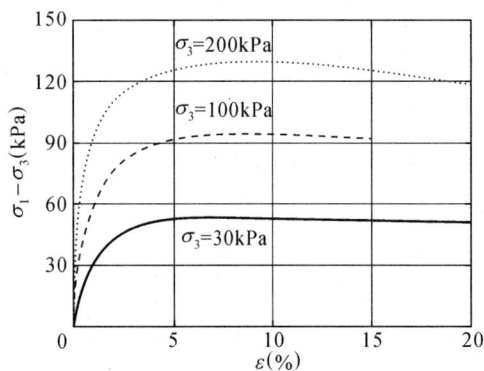

图 8.19 主应力差与轴向应变关系曲线　　图 8.20 有效应力比与轴向应变关系曲线

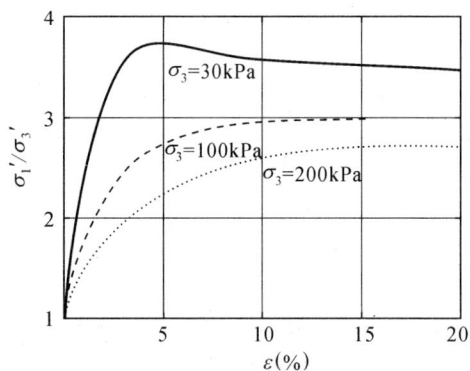

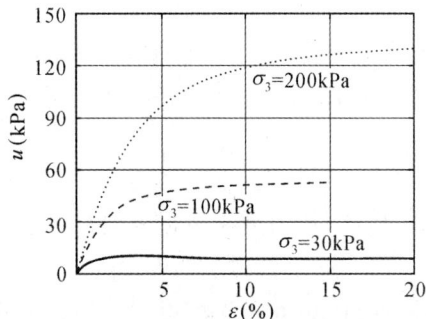

图 8.21 孔隙水压力与轴向应变关系曲线　　图 8.22 应力路径曲线

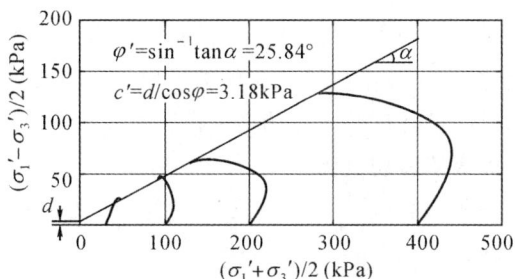

图 8.19 所示是周围压力为 30kPa、100kPa 和 200kPa 的主应力差与轴向应变关系曲

线,可以看出周围压力越大,破坏点的主应力差越大,且破坏时的应变也越大。

图 8.20 所示是周围压力为 30kPa、100kPa 和 200kPa 的有效应力比与轴向应变关系曲线,周围压力为 30kPa 的曲线有明显的峰值,随着周围压力的增大,曲线的峰值不断降低,对应的应变不断增大。

图 8.21 所示是周围压力为 30kPa、100kPa 和 200kPa 的孔隙水压力与轴向应变关系曲线,周围压力越大,孔隙水压力增长越快,幅值也越大。

图 8.22 所示是应力路径曲线,可以看出围压 30kPa 的曲线与其他围压的曲线有明显的不同,表现出超固结的特性。由应力路径曲线计算的有效黏聚力和有效内摩擦角分别为 c' $=3.18$kPa,$\varphi'=25.84°$。

图 8.23 所示是固结不排水剪强度包线,从总应力强度包线可以得到固结不排水剪强度指标 $c_{cu}=15.8$kPa,$\varphi_{cu}=12.46°$。从有效应力包线可以强度包线可以得到有效黏聚力和有效内摩擦角分别为 $c'=7.65$kPa,$\varphi'=24.62°$。土体的总应力强度指标和有效应力强度指标还是有比较大的差别。

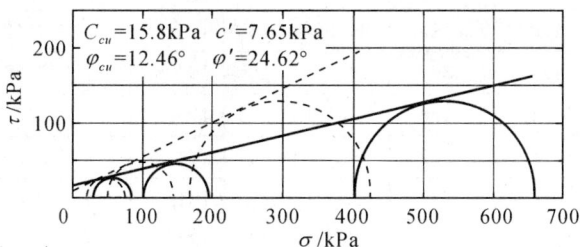

图 8.23

2. 杭州某地下车站深基坑开挖工程

杭州某地下车站,车站结构底板埋深约 17.5m,坐落在砂质粉土上。为了给地下车站基坑的设计和施工提供强度指标,做了部分砂质粉土土样的固结不排水试验和无侧限抗压强度试验,土样编号 ZK2-18 的试验结果见表 8.5 和表 8.6。

(1)砂质粉土的固结不排水试验

表 8.5 砂质粉土的固结不排水试验

工程名称:杭州某地下车站　　　　　　　　　　　　　试验者:＿＿＿＿＿＿

土样编号: ZK2-18　　　　　　　　　　　　　　　　计算者:＿＿＿＿＿＿

取样深度: 10m　　　　　　　　　　　　　　　　　校核者:＿＿＿＿＿＿

　　　　　　　　　　　　　　　　　　　　　　　　试验日期:2005 年 5 月 20 日

排水固结

试样初始面积(cm²)	12.00	试样初始高度(cm)	8.0
试样初始体积(cm³)	96.06	试样质量(g)	181.2
密度(g/cm³)	1.886		
周围压力(kPa)	100	固结后排水量(cm³)	8.7
固结后面积(cm²) $A_c=A_0(1-\dfrac{\Delta V}{V_0})^{2/3}$	11.16	固结后高度(mm) $h_c=h_0(1-\dfrac{\Delta V}{V_0})^{1/3}$	78.25

不排水剪切

钢环系数(N/0.01mm)		3.554		剪切速率(mm/min)			0.033		
周围压力(kPa)		100		初始孔隙水压力(kPa)					

轴向变形	轴向应变	校正面积 $\dfrac{A_c}{1-\varepsilon}$	钢环读数	$\sigma_1-\sigma_3$	孔隙压力	$\sigma_1{}'$	$\sigma_3{}'$	$\dfrac{\sigma_1{}'}{\sigma_3{}'}$	$\dfrac{\sigma_1{}'-\sigma_3{}'}{2}$	$\dfrac{\sigma_1{}'-\sigma_3{}'}{2}$
0.01mm	$\varepsilon(\%)$	(cm^2)	0.01mm	kPa	kPa	kPa	kPa		kPa	kPa
5	0.06	11.17	1.2	3.82	0	103.82	100	1.04	1.91	101.91
10	0.13	11.18	2	6.36	0	106.36	100	1.06	3.18	103.18
20	0.26	11.19	4	12.70	6	106.70	94	1.14	6.35	100.35
40	0.51	11.22	8	25.34	8	117.34	92	1.28	12.67	104.67
60	0.77	11.25	11.5	36.33	10	126.33	90	1.40	18.16	108.16
80	1.02	11.28	15	47.26	13	134.26	87	1.54	23.63	110.63
100	1.28	11.31	21	66.00	16	150.00	84	1.79	33.00	117.00
120	1.53	11.34	25	78.37	19	159.37	81	1.97	39.18	120.18
140	1.79	11.37	27.5	85.98	23	162.98	77	2.12	42.99	119.99
160	2.04	11.40	30	93.55	26	167.55	74	2.26	46.78	120.78
180	2.30	11.43	33.8	105.13	30	175.13	70	2.50	52.56	122.56
220	2.81	11.49	35.2	108.91	34	174.91	66	2.65	54.45	120.45
260	3.32	11.55	38.2	117.57	36	181.57	64	2.84	58.78	122.78
300	3.83	11.61	41	125.52	42	183.52	58	3.16	62.76	120.76
340	4.35	11.67	44	133.99	45	188.99	55	3.44	66.99	121.99
380	4.86	11.73	45.3	137.21	46	191.21	54	3.54	68.60	122.60
400	5.11	11.77	46.5	140.46	47	193.46	53	3.65	70.23	123.23
450	5.75	11.85	50	150.02	49	201.02	51	3.94	75.01	126.01
500	6.39	11.93	51	151.98	49	202.98	51	3.98	75.99	126.99
550	7.03	12.01	53	156.86	50	206.86	50	4.14	78.43	128.43
600	7.67	12.09	55	161.66	50	211.66	50	4.23	80.83	130.83
650	8.31	12.18	56.5	164.92	49	215.92	51	4.23	82.46	133.46
700	8.95	12.26	57	165.22	49	216.22	51	4.24	82.61	133.61
750	9.58	12.35	58	166.94	49	217.94	51	4.27	83.47	134.47
800	10.22	12.44	60	171.48	48	223.48	52	4.30	85.74	137.74
850	10.86	12.52	60.5	171.68	47	224.68	53	4.24	85.84	138.84
900	11.50	12.61	61.8	174.11	47	227.11	53	4.29	87.05	140.05
950	12.14	12.71	62.4	174.53	46	228.53	54	4.23	87.27	141.27
1000	12.78	12.80	63	174.93	49	225.93	51	4.43	87.46	138.46
1050	13.42	12.89	64	176.40	45	231.40	55	4.21	88.20	143.20
1100	14.06	12.99	64.5	176.47	44	232.47	56	4.15	88.23	144.23
1150	14.70	13.09	65	176.51	44	232.51	56	4.15	88.26	144.26
1200	15.34	13.19	66	177.89	43	234.89	57	4.12	88.94	145.94

根据试验结果绘制的各种曲线见图 8.24～图 8.27 所示,本试验的砂质粉土的不排水抗剪强度指标为 $c_{cu}=14.2$ kPa,$\varphi_{cu}=23.7°$,有效抗剪强度指标为 $c'\approx0$ kPa,$\varphi'=40.150$。

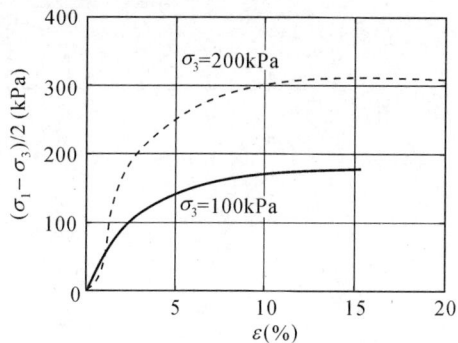

图 8.24 主应力差与轴向应变关系曲线

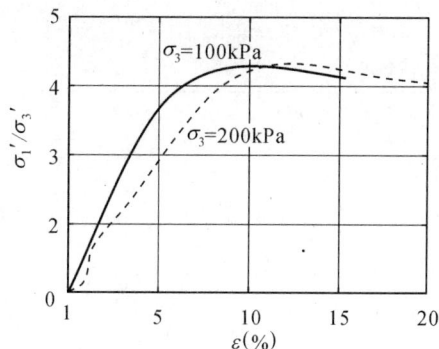

图 8.25 有效应力比与轴向应变关系曲线

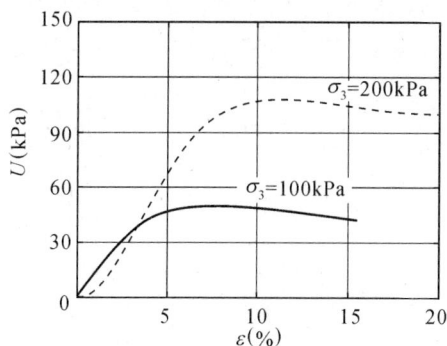

图 8.26 孔隙水压力与轴向应变关系曲线

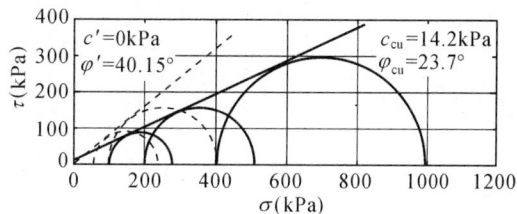

图 8.27 固结不排水抗剪强度包线

(2)砂质粉土的无侧限抗压强度试验(原状样和重塑样)

图 8.28 所示是原状样与重塑样的轴向应力与轴向应变关系曲线,两条曲线都没有明显的峰值,所以取轴向应变 15% 时的轴向应力作为无侧限抗压强度,分别为 $q_u=51.6$ kPa 和 $q'_u=14.5$ kPa。试样的灵敏度为 $S_t=q_u/q_u'=3.56$。对有明显峰值的曲线,要取峰值作为无侧限抗压强度。

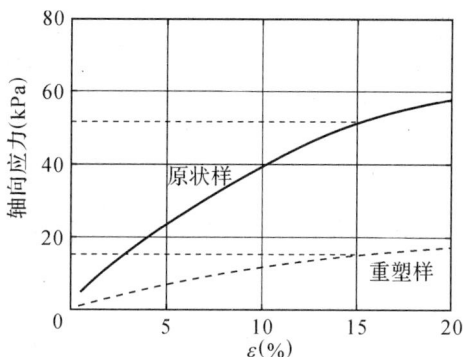

图 8.28 轴向应力与轴向应变关系曲线

表 8.6 砂质粉土无侧限抗压强度试验

工程名称:杭州某地下车站 　　　　　　　　　　　　　　试验者:＿＿＿＿＿

土样编号: ZK2-18 　　　　　　　　　　　　　　　　　计算者:＿＿＿＿＿

取样深度: 10m 　　　　　　　　　　　　　　　　　　校核者:＿＿＿＿＿

试验日期:2005 年 5 月 30 日

原状样

试验前试样高度 $h_0 =$ ___80___ mm	手轮旋转螺杆上升高度 $\Delta L = 0.2$mm
试验前试样直径 $D_上 =$ _39.1_ mm $D_中 =$ _39.1_ mm $D_下 =$ _39.1_ mm	量力环率定系数 $C_K =$ _2.88_ N/0.01mm 试验前试样面积 $A_0 =$ _12.01_ cm^2
试验前试样平均直径 $\overline{D} =$ _39.1_ mm	原状土抗压强度 $q_u =$ _51.6_ kPa

手轮转数 n	量力环量表 读数 R (0.01mm)	轴向变形 Δh (mm)	轴向应变 ε (%)	校正后面积 A_a (cm^2)	轴向荷重 P (N)	轴向应力 (kPa)
(1)	(2)	$(3)=(1)\times$ $\Delta L-(2)\times 0.01$	$(4)=(3)/h_0$	$(5)=A_0/(1-(4))$	$(6)=C\times(2)$	$(7)=(6)/(5)\times 10$
2	2	0.38	0.48	12.06	5.76	4.77
4	3	0.77	0.96	12.12	8.64	7.13
6	4	1.16	1.45	12.18	11.52	9.46
8	6	1.54	1.93	12.24	17.28	14.11
10	6.1	1.939	2.42	12.31	17.57	14.28
12	6.5	2.335	2.92	12.37	18.72	15.14
14	7	2.73	3.41	12.43	20.16	16.22
18	9	3.51	4.39	12.56	25.92	20.64
20	10	3.9	4.88	12.62	28.80	22.82
24	11	4.69	5.86	12.75	31.68	24.84
28	13	5.47	6.84	12.89	37.44	29.05
32	14.5	6.255	7.82	13.03	41.76	32.06
36	16	7.04	8.80	13.17	46.08	35.00
40	17	7.83	9.79	13.31	48.96	36.79
44	19	8.61	10.76	13.45	54.72	40.67
48	21	9.39	11.74	13.60	60.48	44.46
52	22	10.18	12.73	13.76	63.36	46.05
56	23	10.97	13.71	13.91	66.24	47.60
60	25	11.75	14.69	14.07	72.00	51.16
64	26	12.54	15.68	14.24	74.88	52.59
68	26.5	13.335	16.67	14.41	76.32	52.97
72	28	14.12	17.65	14.58	80.64	55.31
76	29	14.91	18.64	14.76	83.52	56.60
80	30	15.7	19.63	14.94	86.40	57.84
84	30.2	16.498	20.62	15.13	86.98	57.50
88	30.6	17.294	21.62	15.32	88.13	57.53
92	32	18.08	22.60	15.51	92.16	59.41
96	33.5	18.865	23.58	15.71	96.48	61.41
100	35	19.65	24.56	15.92	100.80	63.33

重塑样

试验前试样高度 $h_0 = $ 73 mm		手轮旋转螺杆上升高度 $\Delta L = 0.2$mm				
试验前试样直径 $D_{上} = $ 39.1 mm $D_{中} = $ 39.1 mm $D_{下} = $ 39.1 mm		量力环率定系数 $C_K = $ 2.88 N/0.01mm 试验前试样面积 $A_0 = $ 12.01 cm²				
试验前试样平均直径 $\overline{D} = $ 39.1 mm		重塑土抗压强度 $q_u = $ 14.5 kPa				
手轮转数 n	量力环量表读数 R (0.01mm)	轴向变形 Δh (mm)	轴向应变 ε (%)	校正后面积 A_a (cm²)	轴向荷重 P (N)	轴向应力 (kPa)
(1)	(2)	(3)=(1)×ΔL-(2)×0.01	(4)=(3)/h_0	(5)=A_0/(1-(4))	(6)=C×(2)	(7)=(6)/(5)×10
2	0.5	0.40	0.54	12.07	1.44	1.19
4	1	0.79	1.08	12.14	2.88	2.37
6	1	1.19	1.63	12.21	2.88	2.36
8	1.5	1.59	2.17	12.27	4.32	3.52
10	1.8	1.98	2.72	12.34	5.18	4.20
12	2	2.38	3.26	12.41	5.76	4.64
16	2.8	3.17	4.35	12.55	8.06	6.42
20	3.5	3.97	5.43	12.70	10.08	7.94
24	4	4.76	6.52	12.84	11.52	8.97
28	4.2	5.56	7.61	13.00	12.10	9.31
34	5.1	6.75	9.25	13.23	14.69	11.10
38	5.3	7.55	10.34	13.39	15.26	11.40
42	6.1	8.34	11.42	13.56	17.57	12.96
46	6.4	9.14	12.52	13.72	18.43	13.43
50	6.8	9.93	13.61	13.90	19.58	14.09
54	7	10.73	14.70	14.08	20.16	14.32
58	7.4	11.53	15.79	14.26	21.31	14.95
62	8	12.32	16.88	14.44	23.04	15.95
66	8.1	13.12	17.97	14.64	23.33	15.94
70	8.5	13.92	19.06	14.83	24.48	16.50
74	9	14.71	20.15	15.04	25.92	17.24
78	9.2	15.51	21.24	15.25	26.50	17.38
82	9.5	16.31	22.34	15.46	27.36	17.70
86	9.8	17.10	23.43	15.68	28.22	18.00
90	10.1	17.90	24.52	15.91	29.09	18.29
94	10.5	18.70	25.61	16.14	30.24	18.74
98	11.1	19.49	26.70	16.38	31.97	19.52
102	12	20.28	27.78	16.63	34.56	20.79

第9章 土力学综合性试验

9.1 概 述

实际工程中没有任何建筑地点呈现出与其他地点土质情况特别相似的情形,不同的建筑工程场地,土质情况的变化是很复杂的,在进行工程项目详细的设计之前,必须对每一地点的土质情况进行详细的调查与测试,以保证工程的安全。然而,由于土自身的不均匀性,取样、运输过程中的扰动,以及试验仪器和操作方法的差异及试验人员的素质不同,使得土力学试验中测试的结果存在很多问题,导致测试结果失真,在一定程度上影响工程设计的准确性,这就需要培养土木工程专业学生的实践能力,进行土力学综合性试验(comprehensive test),接受工程设计和科学研究方法的初步训练,加强实践能力和创新能力的培养,为今后的工作打下坚实的基础。

9.1.1 土力学综合性试验的目的

1.通过自主和创造性设计一个或几个小型试验研究项目,在一定的试验条件和范围内,完成从选题、试验计划安排、亲自动手操作到结果分析和试验报告撰写全过程。

2.通过观察试验对象,了解各项试验之间的内在联系,掌握试验成果分析的整体性、合理性,培养独立思考、分析问题和解决问题的能力。

3.充分调动学生的学习主动性、积极性和创造性,并把所学得的土力学知识应用于解决工程实际问题。

9.1.2 土力学综合性试验项目设置要求

1.涉及土力学课程的多个知识点,或相关课程的内容。

2.在掌握了一定的土力学基础理论知识和基本土力学试验操作技能的基础上进行。

3.学生能按试验题目要求运用已有知识去发现问题、分析问题、解决问题。

9.1.3 土力学综合性试验课开设的方式

1.可作为应用型本科土木工程专业的大型综合性试验。

2.可作为开放性实验和模拟科研实验。

3.对课程实验时数较多(大于 10 课时),也可作为课程实验的一部分。

9.2　土力学综合性试验的计划

9.2.1　土力学综合试验项目的设计

根据不同土力学试验的目的,须先进行土质判别分类,一般分为将土用作材料是否良好和能否用建筑地基两种情况。各种情况所需试验项目不尽相同。前者主要掌握土的固有性质(用作材料的土质特性等),而后者则是在了解土的固有特性的同时,必须确认土的状态特性(除物理性质外,还包括作为地基的稳定性等力学性质)。现将两种情况所需试验项目分别如下:

1. 土用作材料时的土力学试验

$$
基本特性试验
\begin{cases}
土粒比重试验 \\
天然含水率试验 \\
颗粒分析试验 \\
界限含水率试验
\end{cases}
$$

$$
力学特性试验
\begin{cases}
密度试验 \\
渗透试验 \\
击实试验 \\
承载比试验
\end{cases}
$$

2. 将土用作建筑地基的土力学试验

$$
基本特性试验
\begin{cases}
土粒比重试验 \\
天然含水率试验 \\
相对密度的测定 \\
颗粒分析试验 \\
界限含水率试验
\end{cases}
$$

$$
力学特性试验
\begin{cases}
密度的测定 \\
渗透试验 \\
固结试验 \\
无侧限抗压强度试验 \\
三轴压缩试验
\end{cases}
$$

实际上,并非上述任一组试验中的每项试验都要作,而是应该根据工程要求,根据试验对象和目的有选择地再行组合,制定试验计划。

另外,因土力学综合性试验往往是根据几个基本试验指标综合进行的,故须通盘考虑设计试验项目和制订试验计划。

9.2.2　规范对室内土工试验的规定

《岩土工程勘察规范》(GB 50021—2001)和《岩土工程勘察技术规范》(YS 5202—2004)对土的物理性质、土的固结、土的抗剪强度试验做了如下规定。

1. 土的物理性质试验应测定下列指标。

砂土：颗粒级配、比重、天然含水率、天然密度、最大和最小密度；

粉土：颗粒级配、液限、塑限、比重、天然含水率、天然密度和有机质含量；

黏性土：液限、塑限、比重、天然含水率、天然密度和有机质含量。

注：(1)对砂土，如无法取得Ⅰ级、Ⅱ级土样时，可只进行含水率、颗粒级配试验；

(2)目测鉴定不含有机质时，可不测定有机质含量；

(3)有经验的地区，比重可根据经验确定。

2.土的固结试验应根据工程要求确定最大压力，并应按工程需要提供下列成果：

(1)当采用压缩模量进行沉降计算时，应提供 e-p 曲线及各压力段的压缩系数和压缩模量；当考虑基坑开挖卸荷和再加荷影响时，宜进行回弹试验，提供回弹指数。

(2)当考虑土的应力历史进行沉降计算时，应提供 e-$\lg p$ 曲线及土的先期固结压力、压缩指数和回弹指数；当需进行沉降历时分析时，应提供固结系数。

3.土的抗剪强度试验及其他试验方法，应根据工程需要按下列要求进行：

(1)当需用理论公式计算地基承载力或其他需采用三轴压缩试验指标计算时，应进行三轴压缩试验，并视工程要求分别采用不固结不排水(UU)试验、固结不排水(CU)试验或固结不排水测孔隙水压力($\overline{CU}$)试验；

(2)对于斜坡稳定性评价、基坑开挖等工程宜采用直接剪切试验，其试验方法应根据荷载类型、加荷速率和地基土的排水条件确定；

(3)对于内摩擦角 $\varphi \approx 0$ 的软黏土，可采用Ⅰ级土试样的无侧限抗压强度试验代替自重压力下预固结的不固结不排水三轴剪切试验。

4.当需要对土方回填或填筑工程进行质量控制时，应进行击实试验，测定土的干密度与含水率的关系，确定最大干密度和最优含水率。

5.当需进行渗流分析，基坑降水设计等要求提供土的透水性参数时，宜结合现场试验进行室内渗透试验，测定土的渗透系数。

9.3 土力学综合性试验项目的实施

9.3.1 试验实施的基本步骤

1.立题

以实验小组为单位，根据已学的基础知识或近期将要学习的知识，结合附近实际工程，由教师给出试验题目或学生提出自己感兴趣的试验项目，并利用图书馆及 Internet 网，了解国内外研究现状。经过小组集体酝酿、讨论，确立一个既有科学性又有一定创新的综合性试验题目。但是，一定要注意试验方案不可过大或脱离现实条件，应强调其可操作性，应与工程实际联系。

2.组织协调

对实验班级进行分组，全班可分成4个大组，每个大组又细分成几个小组，一组不超过4人，班长任总负责，组长组织分配各成员的角色。4个大组可各抽取工地一个区域的土样，一个大组可做同一个检测区域的不同样品的平行试验。试验过程中要求成员团结协作、共同完成试验。

3. 现场调查

在综合性试验开始前两周,必须先联系即将投入施工的工地,同时与该工程的勘查设计单位联系。试验前,到工程现场了解工程地质情况、基础类型,现场勘察取样,向地质勘查单位咨询有关土的特性及均匀性等,通过野外鉴别对有关的土的特性有初步认识。例如软黏土的高压缩性和低强度;松砂的液化;并确定哪几种土是起关键作用的,是作为地基持力层的。

4. 拟定综合性试验计划

针对工程性质、基础类型、地基土特性及其均匀等因素,搞清楚该工程检测项目的实践作用,在数据处理中可能采用哪几种计算方法,这些方法需要用哪些性质指标。然后,在了解土力学试验的目的和用途的基础上,选择测定哪些指标进行综合性试验,以满足实际工程设计及施工需要,具体参见 9.2 节。

5. 试验的准备、检查和审核

在综合性试验前要对试验的准备情况进行检查,包括试验方案的拟定、试验所用参数设定、试验所涉及设备的选择、估计试验过程中所产生的试验数据、设计试验产生数据需要的原始记录表式等。实验教师要提出与试验要求相关的问题,或直接抽查学生的试验准备资料。在试验前要保证做到对试验内容的理解。

6. 预试验和正式试验

按照试验计划和操作步骤认真进行预试验,发现和分析预试验中存在的问题和需要改进、调整的内容,并得到老师的同意之后,在正式试验时加以更正。按照修改后的试验设计方案和操作步骤认真进行正式试验。做好各项试验的原始记录。试验结束后,及时整理试验数据。

9.3.2　试验资料的整理与试验报告

1. 为使试验资料可靠和适用,应进行正确的数据分析和整理。整理时对试验资料中明显不合理的数据,应通过研究,分析原因(试样是否具有代表性、试验过程中是否出现异常情况等)或在有条件时,进行一定的补充试验后,可决定对可疑数据的取舍或改正。

2. 舍弃试验数据时,应根据误差分析或概率的概念,按三倍标准差(即 $\pm 3s$)作为舍弃标准,即在资料分析中应该舍弃那些在 $\bar{x} \pm 3s$ 范围以外的测定值,然后重新计算整理。

3. 试验测得的土性指标,可按其在工程设计中的实际作用分为一般特性指标和主要计算指标。前者如土的天然密度、天然含水率、土粒比重、颗粒组成、液限、塑限等,系指作为对土分类定名和阐明其物理化学特性的土性指标;后者如土的黏聚力、内摩擦角、压缩系数、变形模量、渗透系数等,系指在设计计算中直接用以确定土体的强度、变形和稳定性等力学性的土性指标。

4. 对一般特性指标的成果整理,通常可采用多次测定值 x_i 的算术平均值 $\bar{x}$,并计算出相应的标准差 s 和变异系数 C_v,以反映实际测定值对算术平均值的变化程度,从而判别其采用算术平均值时的可靠性。

(1)算术平均值 $\bar{x}$ 按下式计算:

$$\bar{x} = \frac{1}{n} \sum_{i=1}^{n} x_i \tag{9.1}$$

式中：$\sum\limits_{i=1}^{n}$——指标测定值的总和；

n——指标测定的总次数。

(2)标准差 s 按下式计算：

$$s=\sqrt{\frac{1}{n-1}\sum_{i=1}^{n}(x_i-\overline{x})^2} \tag{9.2}$$

(3)变异系数 C_v 按下式计算，并按表 9.1 评价变异性。

$$C_v=\frac{s}{\overline{x}} \tag{9.3}$$

表 9.1　变异性评价

变异系数	$C_v<0.1$	$0.1\leqslant C_v<0.2$	$0.2\leqslant C_v<0.3$	$0.3\leqslant C_v<0.4$	$C_v\geqslant0.4$
变异性	很小	小	中等	大	很大

5. 对于主要计算指示的成果整理，如果测定的组数较多，此时指标的最佳值接近于诸测值的算术平均值，仍可按一般特性指标的方法确定其设计计算值，即采用算术平均值。但通常由于试验的数据较少，考虑到测定误差、土体本身不均匀性和施工质量的影响等，为安全考虑，对初步设计和次要建筑物宜采用标准差平均值，即对算术平均值加（或减）一个标准差的绝对值（$\overline{x}\pm|s|$）。

6. 当设计计算几个土体单元土性参数的综合值时，可按土体单元在设计计算中的实际影响，采用加权平均值，即：

$$\overline{x}=\frac{\sum\omega_i x_i}{\sum\omega_i} \tag{9.4}$$

式中：x_i——不同土体单元的计算指标；

ω_i——不同土体单元的对应权。

7. 试验数据的有效位数参照表 9.2 采取。

表 9.2　试验数据的有效位数

项目	天然密度（g/cm³）	天然含水率（%）	土粒比重	天然孔隙比	相对密度	液限塑限（%）	液性指数	颗粒分析（%）	不均匀系数	渗透系数（cm/s）	压缩系数（MPa⁻¹）	黏聚力（kPa）	内摩擦角（°）	无侧限抗压强度（kPa）
有效位数	0.01	0.1	0.01	0.001	0.01	0.1	0.01	0.1	0.1	0.1×10^{-n}	0.001	0.01	0.5	0.1

8. 综合性试验报告内容与格式

综合性试验项目名称

(1)试验目的及要求。

试验方案的简要说明（工程概况，所需解决的问题以及由此对试样的采制，试验项目和试验条件提出的要求）。

(2)试验内容。

本部分还需要描述：试验项目包含的相关知识点及其联系，试验原理（可能包括试验系统框图、试验流程图等）。

(3)试验仪器设备。

(4)试验实施步骤(试验调试步骤、试验原始数据记录及试验过程中存在的问题、解决问题的思路及办法)。

(5)试验数据的分析和整理,编写成果汇总(可用图和表表示)。

(6)试验总结。

9.4　土力学综合性试验项目设置

可选择一些灵活性比较大,完成思路比较多,有发挥余地的内容作为综合性试验内容,综合性试验的难度不宜太大,操作不宜太复杂。

例 1　地基承载力确定综合性试验

1.试验要求:

掌握根据具体工程的地质勘探和结构物设计资料,选择确定地基承载力所需进行的一系列的试验方法,学会运用综合试验方法解决土木工程实际问题。

2.试验内容:

结合现场调查,针对实际工程的原状地基土样、地质勘察资料和结构设计资料等,制定确定地基承载力的土力学综合性试验计划,经指导教师审定后确定具体试验项目,学生小组自主完成试验。结合原位试验成果,确定地基承载力设计值及其相应计算说明,提交试验报告。

静载荷试验可参阅配套教材《土力学》第 7 章地基承载力中的静载荷试验工程实例。

例 2　填料压实性评价综合性试验

1.试验要求:

掌握填料压实的基本理论、相关的试验方法和填料压实性室内评价方法。

2.试验内容:

根据野外取样和土料场的地质资料,明确压实工艺和技术参数要求。结合现场调查,针对实际工程的填料土样及压实工程要求,初步制定填料压实性评价所需进行的试验方案,经指导教师审定后,确定具体试验项目,学生自主完成试验,提交压实性试验报告。

9.5　附　录

附杭州、宁波、绍兴、温州市区主要土层物理力学性质指标表,见表 9.3~9.7,供学习参考。

表9.3 杭州市城东区基坑支护设计地基参数一览表

地质年代及成因符号	层序	层面深度/高程 m	层厚 m	土层名称、性状及特征描述	含水量 w %	重度 γ kN/m³	孔隙比 e	塑性指数 I_p	液性指数 I_L	压缩系数 a_{1-2} MPa⁻¹	c kPa	φ °	渗透系数 k cm/s	端阻 q_c MPa	侧阻 f_s kPa	压缩模量 E_s MPa	地基承载力 f_k kPa
$\dfrac{ml}{Q_4}$	1	0-4 / 10-4	1-7	①a 老城区上部为人工杂填土，以建筑垃圾为主，色杂，成分杂乱堆填无规律，隐患较多，下部为①b素填土，粉性土为主，郊外有时出露地表，稍密，沿钱塘江边为①c冲填土以粉土为主，松软局部暗河(浜)内有①d有机质土及淤泥，性质松软。	28-40	17-19	0.8-1.0				0-10	12-22	5×10^{-4}	1-2.5	20-40	5-7	100-140
					25-30	17.5-19	0.75-0.95	5-10		0.2-0.4	5-15	15-25	6×10^{-4}	1.5-2.5	30-50	5-7	100-130
					27-32	17-18	0.8-1.1	4-8		0.4-0.6	0-10	15-20	6×10^{-4}	1.5-2.5	40-60	4-6	80-90
					40-60	16-17	1-1.2	6-12	1-1.5	1.0-1.5	5-10	10-15	7×10^{-5}	0.5-1.5	10-15	3-5	70-80
$\dfrac{al}{Q_4}$	2-1	3-5 / 3-0	3-6	粉土，灰黄色，很湿，较松，稍密，中等至轻微液化，偶有抛石，局部间夹淤质土薄层，含云母碎屑。	20-35	17.5-19	0.75-1.0			0.15-0.2	7-8	24-26	5×10^{-4} / 9×10^{-5}	3-5	50-60	6-8	140-160
$\dfrac{al}{Q_4^3}$	2-2	5-10 / 0~-5	6-10	粉砂，灰黄至青灰色，很湿，中密至密实，局部夹粘性土薄夹层，偶有抛石，含云母屑，有机质，不液化。	22-30	18.5-19.5	0.75-0.85			0.1-0.15	0-5	28-34	7×10^{-4}	5-10	80-100	10-14	160-220
$\dfrac{al}{Q_4^2}$	2-3	10-12 / -3~-5	5-12	粉细砂，黄灰色，很湿，中密状态，具粉土，粉砂、细砂及淤质土等水平薄夹层或透镜体。	20-30	18.5-20	0.7-0.9			0.05-0.1	0	30-38	3×10^{-4}	7-13	80-120	12-16	200-280
$\dfrac{m}{Q_4^2}$	3	12-20 / -5~-10	1-5	杭州最后一次海浪后期沉积的淤泥质粉质粘土，灰色，饱和流塑至软塑型，富含植物残体，具水平沉积规律。	38-50	17-18	0.9-1.4	13-20	1.1-1.7	0.6-0.8	13-25	8-13		0.5-1.2	6-20	5-7	100-120
$\dfrac{m}{Q_4^1}$	5	13-21 / -6~-13	0-3	淤泥质粘土，灰色，饱和，流塑，多植物残体及海生物贝壳残体。	43-49	17-17.5	1.2-1.4	17-22	1.2-1.4	0.7-0.8	16-21	7-11		1-1.2	7-13	4-6	90-110
	6a	21-25 / -13~-15	2-4	粘土褐黄色，很湿，可塑至硬塑，含氧化铁。	27-32	19-20	0.7-0.9	18-23	0.3-0.5	0.18-0.33	30-70	14-22		2-3	50-90	8-12	200-300
$\dfrac{al-m}{Q_3}$	6b	23-27 / -15~-17	3-8	粉质粘土，灰青色，可塑至硬塑，具水平向粉土薄夹层理。	22-27	19-21	0.6-0.8	11-16	0.4-0.7	0.14-0.27	20-40	20-27		2.7-4	55-70	11-16	250-400
$pl-l$	6c	27-31 / -17~-20	3-4	粘土，褐黄色，很湿，可塑至硬塑，局部含砾。	26-29	19-21.5	0.5-0.7	18-24	0.2-0.6	0.13-0.2	45-55	18-30		2.5-6.0	50-80	12-18	300-450

说明：1、杭州市城西与城东地质分界自南向北以吴山下大井巷口—后市街—羊坝头巷—惠兴路—岳王路—众安桥—梅冬高桥—打铁关—丁桥—乔司一线为界；

2、杭州市郊第四系地层底部埋深自南西向北东复向倾斜在35~50m，本表因基坑支护设计使用，只表示至深30m内。

资料提供单位：杭州市勘测设计研究院

表 9.4　杭州市城西区基坑支护设计地基参数一览表

地质年代及成因符号	层序	层面深度/高程 m	层厚 m	土层名称、性状及特征描述	含水量 w %	重度 γ kN/m³	孔隙比 e	塑性指数 I_p	液性指数 I_L	压缩系数 a_{1-2} MPa⁻¹	c kPa	φ °	渗透系数 k cm/s	端阻 q_c MPa	侧阻 f_s kPa	压缩模量 E_s MPa	地基承载力 f_k kPa
$\frac{ml}{Q_4}$	1	$\frac{0-5}{9-4}$	1-7	①a为人工杂填土,以建筑垃圾为主,色杂,成分杂乱堆填无规律,隐患较多;郊外为新松填土	28-40	17-19	0.8-1.0				5-10	10-20	5×10⁻⁴	0.5-1.5	10-25	4-5	80-120
				①b为素填土,粘性土为主,郊外有出露地表,稍密;①c为西湖运河吹填土;①d有机质土,西湖周围为淤积土;①e泥炭化土,性松软	27-30	17.5-18.5	0.75-0.95	10-16	0.6-0.8	0.25-0.45	17-30	12-22	6×10⁻⁵	0.8-1.2	20-30	5-6	90-130
					40-60	15-17	1.2-2.0			0.4-0.6				0.3-0.5	7-9	2.5-3.5	60-70
					40-75	14-16	2-4	19-25	1-2	1.5-1.7	10-12	6-8		0.2-0.5	6-13	3-4	65-75
					80-300	11-16	2-7	15-20	2-4	2-9	5-7	3-4		0.2-0.4	5-7	2-3	40-60
$\frac{ml}{Q_4^2}$	2	$\frac{1-5}{3-2}$	1-2	粉质粘土,局部为粉土,灰黄色,可塑软塑,稍密,含云母及氧化铁。	28-38	18-20	0.7-1.0	8-18	0.6-0.9	0.2-0.8	14-30	15-25		0.7-2.0	17-28	6-8	100-140
$\frac{m}{Q_4^2}$	3a	$\frac{3-6}{2-0}$	3-6	淤泥质粘土,灰色,饱和,流塑富含植物残体。	38-65	16-18	1-2.5	17-23	1.2-1.5	1-1.6	9-14	4-8	6×10⁻⁷	0.2-0.5	4-8	2-3.5	60-75
	3b	$\frac{6-14}{-3\sim-5}$	8-10	淤泥质粉质粘土,灰色,饱和,流塑,多水平向粉土、薄层及海生贝壳类残体。	37-46	17-18	1-1.5	12-16	1.5-2.0	0.5-1.3	10-23	6-12		0.4-0.7	4-7	3-4	70-80
$\frac{al-m}{Q_4^1}$ $pl-l$	4a	$\frac{12-16}{-3\sim-3}$	2-4	粉土、粉质粘土互层,褐黄、灰黄色饱和,可塑状,具明显水平沉积规律,含氧化铁。	25-33	19-20	0.7-0.9	13-18	0.6-0.9	0.2-0.3	25-40	20-22		1.7-2.4	3-6	6-8	150-200
	4b	$\frac{16-23}{-6\sim-13}$	3-7	粘土褐黄至灰绿色,饱和,可塑至硬塑状,互层渐少,含高岭土。	21-28	19-21	0.6-0.8	15-19	0.2-0.4	0.18-0.22	50-60	20-24		2.5-3.5	45-55	8-12	250-350
$\frac{m}{Q_4^1}$	5	$\frac{19-27}{-11\sim-21}$	5-10	上部为淤泥质粉质粘土,灰色,饱和,流塑状,富含植物残体,具水平薄层规律,粉土夹层;下部为淤泥质粘土,灰色,饱和,流塑状,底部富含天然气。	40-49	17-18	1.1-1.4	13-22	1.2-1.7	0.6-0.8	13-25	7-13		0.5-1.2	6-20	5-7	100-120
$\frac{al-m}{Q_3^2}$ $pl-l$	6a	$\frac{21-25}{-7\sim-13}$	2-4	粘土褐黄色,很湿,可塑至硬塑含氧化铁。	27-32	19-20	0.7-0.9	18-23	0.3-0.5	0.18-0.33	30-70	14-22		2-3	59-95	8-12	200-300
	6b	$\frac{23-27}{-10\sim-12}$	3-8	粉质粘土,灰青色,可塑至硬塑状,具水平向粉土薄层理。	22-27	19-21	0.6-0.8	11-16	0.4-0.7	0.14-0.27	20-40	20-27		2.7-4	56-68	11-16	250-400
	6c	$\frac{27-31}{-17\sim-18}$	3-4	粘土、褐黄色,可塑至硬塑状,局部含砾。	26-29	19-21.5	0.5-0.7	18-24	0.2-0.5	0.13-0.2	46-58	18-30		2.5-6.0	50-88	10-20	300-450

说明：1、杭州市城西与城东地质分界自南向北以吴山下大井巷口—后市街—羊坝头巷—惠兴路—岳王路—众安桥—梅东高桥—打铁关—丁桥—乔司一线为界;

2、杭州市郊第四系地层底部埋深自南西向北东复向倾斜在35～50m,本表因基坑支护设计使用,只表示至深30m内。

资料提供单位: 杭州市勘测设计研究院

表 9.5　宁波市（老三区）基坑支护设计地基土参数一览表

土层编号	地质年代成因类型	通常埋深 m	通常厚度 m	土层名称、状态	描述特征	通常物理力学指标 w %	γ kN/m³	e	I_L	压缩系数 a_{1-2} MPa⁻¹	固结快剪 c kPa	φ (°)	E_s MPa	渗透系数 k cm/s	支护桩持力层选择
1-1	ml/Q	0	1.0~1.5	填土,松散~稍密状	塘渣、瓦砾土、砼地坪、黏性土、瓦砾组成厚度变化大										
1-2	m Q₄	1.0~1.5	0.6~1.2	黏土,可塑~软塑	褐黄色、被铁锰质渲染为地表硬壳层	34.0	18.5	0.810	0.56	0.53	17.0	12	3.4	1.41×10^{8}	
2-1	全新世 Q₄	2.2	1.5~3.0	淤泥~淤泥质黏土,流塑	灰色、饱和、含贝壳之类碎物腐植物、点柱状砂、有机质、高压缩性	52.0	17.1	1.459	1.6	1.53	10.0	8.0	1.6	4.33×10^{9}	为天然地基软弱下卧层,重力式挡墙的持力层。
2-2	m Q₄	3.5	1.1~1.8	黏土~淤泥质黏土,流塑~软塑	灰色、饱和、含贝壳、薄层粉砂、高压缩性	38.0	18.2	1.050	0.81	0.67	16.0	11.0	3.2	1.94×10^{8}	为天然地基软弱下卧层,重力式挡墙的持力层。
2-3	m Q₄	4~6	3.0~4.0	淤泥质黏土,流塑	灰色、饱和、含有机质、云母碎屑、点柱状砂、植物根茎、高压缩性	48.0	17.4	1.332	1.3	1.18	10.0	8.0	2.0	1.60×10^{8}	为天然地基软弱下卧层,重力式挡墙的持力层。
3	m Q	12	0.7~3.0	粉土~粉细砂(江北地区),稍密~中密	灰带暗绿色、有粉细砂透镜体、夹薄层淤质黏土	27.0	19.1	0.800	1.1	0.25	8.0	23.0	7.6		开挖深度<5m时,可作为支护桩的持力层。
4	m Q₃	17~20	3.7~6.5	(淤质)黏土,软塑	灰绿色、饱和、含贝壳碎片、蜂窝状结构、有植物残骸、高压缩性	38.0	18.6	0.910	0.97	0.65	11.0	14.0	4.2		
5-1	l Q₃	22~26	2.0~2.5	黏土,可塑~硬塑	褐黄色、含氧化铁质、层含铁锰结核、中压缩性	27.0	19.7	0.778	0.26	0.16	45.0	22.0	10.5		开挖深度>8m时,可作支护桩的持力层。
5-2	l Q₃	30~32	5.0~8.0	粉质黏土,软塑	褐黄色、含云母碎屑、砂性增加、中压缩性	33.0	18.9	0.859	0.75	0.27	27.0	14.5	8.5		开挖深度>8m时,可作支护桩的持力层。
5-3	l Q₃	33~36	3.1~5.8	粉质黏土,软塑	浅灰色、含云母碎屑、夹薄层标、灰色有机质、中压缩性	32.0	18.0	0.871	0.77	0.30	18.0	18.0	7.5		开挖深度>8m时,可作为支护桩的持力层。
6	m Q₃	40~44	6.5~7.5	黏土夹薄层粉砂,软塑,有粉土分布时为稍密~中密	灰色、夹粉砂薄层、有些地段呈均匀黏干层、呈水平状分布、呈饼状、中高压缩性	34.0	18.8	0.950	0.79	0.42	25.5	13.0	6.5		
7	l Q₃	42~48	2.0~6.0	粉质黏土,可塑~硬塑	灰绿色、土质较均匀、有少量植物根茎、中压缩性	23.0	20.2	0.665	0.25	0.14	44.0	20.0	11.0		
8	al Q₃	50~55	4.0~12.0	粉细砂~中砂,中密~密度	杂色、夹少量砾石及薄层黏性土夹层	19.0	20.0	0.620	一般 N>50 击	0.11	—	>25.0	14.0		

提供单位：宁波市建筑设计研究院勘察分院

表9.6　绍兴市城区基坑支护设计地基土参数一览表

地层深度 m	序号	层次	层厚 m	柱状图比例尺	土层名称及性状	含水量 w %	孔隙比 e	压缩系数 a_{1-2} MPa⁻¹	液性指数 I_L	承载力标准值 f_k kPa	固结快剪 c kPa	固结快剪 φ °	天然重度 γ kN/m³	渗透系数 k cm/s
	1	①-1	0.2~1.60		杂填土，杂色，成份复杂					70-90				
	2	①-2	0.80~1.60		粉质粘土，灰黄色，中高压缩性	29-36	0.75-0.9	0.35-0.6	0.45-0.9	80-100	18	18°	18-19	10^{-4}
	3	②-1	0.50~1.20		淤泥夹泥炭，灰黑色，流塑，高压缩性	52-76	1.5-2.2	0.85-2.0	1.1-1.8	50-55	10	12°	15-17	10^{-7}
	4	②-2	0.30~2.20		粉土，灰、灰黄色，稍密中压缩性	30-36	0.85-1.0	0.2-0.48	0.65-1.2	90-120	8.0	26°	18.2-19	10^{-6}-10^{-5}
	5	③-1	5.0-12.0		淤泥质粘土或淤泥质粉质粘土，灰色，流塑，含云母，高压缩性	41-55	1.14-1.55	0.78-1.58	1.01-1.54	55-65	8.5-10	12°-14°	16.5-18.0	10^{-7}
	6	③-2	0.5-1.6		粉质粘土，灰黄、灰绿色，可塑，中压缩性	30-34	0.74-0.92	0.25-0.50	0.55-0.96	110-140	22-28	18°-20°	18-19	
	7	④-1	0.6-8.2		粉质粘土或粘土(局部缺失)暗黄或褐黄色，可硬塑，中压缩性	25-30	0.70-0.84	0.18-0.34	0.12-0.42	200-220	44	23°	19-20	10^{-7}-10^{-3}
	8	④-2	0.7-4.2		粉质粘土(局部缺失)褐黄或棕黄色，散层理发育，可硬塑，中压缩性	28-34	0.75-0.92	0.23-0.38	0.22-0.72	160-200	34	22°	18.8-19.6	
	9	⑤	0.5-2.20		淤泥质粘土(局部缺失)灰色，含贝壳，软流塑状，高压缩性	36-42	1.0-1.2	0.4-0.7	0.86-1.34	80-95	20	15°	17.8-18.5	
	10	⑥-1	2.7-4.2		粘土或粉质粘土，(局部缺失)暗绿或棕黄色，含铁锰结核，硬可塑状，中低压缩性	24-30	0.67-0.85	0.17-0.32	0.11-0.50	220-240	40	24°	19-20	
	11	⑥-2	5.6-18.0		粉质粘土(局部缺失)棕黄或黄褐色，粉粒含量较③-1层多，其它指标相似									

提交单位：绍兴市建筑设计研究院

土力学试验指导

表 9.7　温州市浅部地基土基坑支护设计地基土主要参数一览表

层序	土名	层底埋深 m	层厚 m	土性特征	常用物理力学指标								
					天然含水量 w %	天然重度 γ kN/m³	孔隙比 e	液性指数 I_L	压缩系数 α_{1-2} MPa⁻¹	压缩模量 E_s MPa	固结快剪（直剪） c kPa	固结快剪（直剪） φ °	渗透系数 k cm/s
1	杂填土	0~4.5	0~4.5	杂色，以建筑垃圾为主组成，呈松散~稍密状，古塘河（暗浜）位置层厚较大，具强透水性									
2	黏土	1.0~1.5	0.8~1.2	褐黄、褐灰色，含铁锰质和植物根茎，可塑~软塑，中~高压缩性，除塘河外均有分布，为地表硬壳层	32~38	17.9~18.7	0.85~1.05	0.3~0.6	0.3~0.5	3.0~4.5	14~18	7~9	10⁻⁷~10⁻⁸
3	淤泥质黏土	1.2~1.8	0.2~0.5	褐灰色，高压缩性，除塘河有分布，置外均有，为黏土与淤泥之间的过渡层	42~48	16.8~17.5	1.1~1.3	0.75~0.95	0.6~0.9	2.2~2.8	11~13	6~7	10⁻⁸
4-1	淤泥	9.0~10.0	7.0~9.0	浅灰、灰色，含腐植物，粉细砂和腐植碎屑，流塑、高压缩性，高灵敏度，在沿江一带形成含淤泥粉细砂夹层或透镜体	72~78	15.1~15.8	1.9~2.2	1.5~1.9	2.1~3.5	0.8~1.5	6~9	4~5	10⁻⁸
4-2	淤泥	>20.0	>10.0	灰、褐灰色，含腐植物，粉细砂和腐植贝壳碎屑，流塑、高压缩性，高灵敏度，在沿江一带形成含淤泥粉细砂夹层或透镜体	55~65	16.1~16.4	1.5~1.8	1.1~1.4	1.2~1.8	1.5~2.2	9~11	5~6	10⁻⁸

注：表中数值仅指一般参考值，未考虑沿江一带形成含淤泥粉细砂夹层或透镜体的影响，也未考虑旧城区已有建筑荷载作用。

提供单位：温州市勘察测绘研究院

参考文献

[1] 三木五三郎主编,陈世杰译.日本土工试验法.北京:中国铁道出版社,1985.

[2] 袁聚云.土工试验与原理.上海:同济大学出版社,2003.

[3] 袁聚云,徐超,赵春风等.土工试验与原位测试.上海:同济大学出版社,2004.

[4] 南京水利科学研究院土工研究所.土工试验技术手册.北京:人民交通出版社,2003.

[5] 周福田主编.交通部水运工程试验检测技术培训教材.北京:人民交通出版社,2000.

[6] 东南大学、浙江大学、湖南大学、苏州科技学院合编.土力学.北京:中国建筑工业出版社,2005.

[7] 陈希哲.土力学地基基础(第三版).北京:清华大学出版社,1998.

[8] 张克恭,刘松玉.土力学.北京:中国建筑工业出版社,2001.

[9] 中国机械工业教育协会.土力学与地基基础.北京:机械工业出版社,2001.

[10] 刘宏霖.土方填筑与工程实例.南京:江苏科技出版社,2003.

[11] 周汉荣,赵明华.土力学地基与基础.北京:中国建筑工业出版社,1997.

[12] 中华人民共和国国家标准.土工试验方法标准(GB/T 50123—1999).北京:中国计划出版社,1999.

[13] 中华人民共和国国家标准.建筑地基基础设计规范(GB 50007—2011).北京:中国建筑工业出版社,2012.

[14] 中华人民共和国行业标准.土工试验规程(SL 237—1999).北京:中国水利水电出版社,1999.

[15] 中华人民共和国行业标准.公路土工试验规程(JTJ 051—93).北京:人民交通出版社,1993.

[16] 中华人民共和国行业标准.公路路面基层施工技术规范.(JTJ 034—2000)北京:人民交通出版社,2000.

[17] 中华人民共和国国家标准.岩土工程勘察规范(GB 50021—2001)2009.

[18] 浙江省标准.建筑基坑工程技术规程(DB 33-T1008—2000).杭州:浙江省标准设计站,2000.

[19] 浙江省标准.岩土工程勘察文件编制标准(DBJ 10-5—98).杭州:浙江省标准设计站,1998.

[20] 浙江省标准.建筑地基基础设计规范(J 10252—2003).杭州:浙江省建设厅,2003.

[21] 刘建新,张新华.综合性土力学实验教学模式的研究.实验室研究与探索,2005,24(6):65-67.